"十二五"职业教育国家规划教材 修订版
经全国职业教育教材审定委员会审定
河北省"十四五"职业教育规划教材
机械工业出版社职业教育畅销教材

电气控制技术项目教程

第4版

主　编　姚锦卫　甄玉杰
副主编　张顺新　甄　明
参　编　李晓磊　许迎东
主　审　葛永国

机 械 工 业 出 版 社

本书是"十二五"职业教育国家规划教材修订版、河北省"十四五"职业教育规划教材，是根据《高等职业学校专业教学标准》，同时参考电工国家职业技能标准修订而成的。

本书采用项目式教学法编排内容，共分4个模块15个项目。模块一主要包括电动机单向直接起动控制电路安装与检修、电动机正反转控制电路安装与检修、电动机延时起动与顺序控制电路安装与检修、三相异步电动机减压起动控制电路安装与检修、三相异步电动机制动控制电路安装与调试、双速电动机控制电路安装与调试，绕线转子异步电动机控制电路安装与调试、单相异步电动机控制电路安装与调试；模块二主要包括卧式车床、摇臂钻床、万能铣床电气控制电路的检修；模块三主要包括时控开关控制箱、消防排烟风机控制柜、变频恒压供水控制柜的装配与调试；模块四是职业资格鉴定与比赛试题解析。

本书内容通俗易懂，突出职业性、实践性、实用性、适用性，将职业精神、劳动精神和工匠精神的培育融于知识和技能学习中，且立体化配套完善，便于高效开展教学。

本书可作为职业院校电气自动化技术、机电一体化技术等电气类、机电类专业教材，也可作为电气工程人员的岗位培训教材或参考书。

为方便教学，本书配套实物照片、微课、视频等教学资源，并以二维码的形式穿插于各项目之中。另外，本书还配有电子教案、多媒体课件、产品说明书、试题库及答案等，选择本书作为授课教材的教师可登录www. cmpedu. cn 网站，注册、免费下载。

图书在版编目（CIP）数据

电气控制技术项目教程/姚锦卫，甄玉杰主编 . — 4 版 . —北京：机械工业出版社，2022. 6（2025. 2 重印）
"十二五"职业教育国家规划教材：修订版
ISBN 978-7-111-70764-6

Ⅰ.①电…　Ⅱ.①姚…②甄…　Ⅲ.①电气控制-高等职业教育-教材　Ⅳ.①TM921. 5

中国版本图书馆 CIP 数据核字（2022）第 080865 号

机械工业出版社（北京市百万庄大街22 号　邮政编码100037）
策划编辑：赵红梅　　　　责任编辑：赵红梅
责任校对：郑　婕　刘雅娜　封面设计：张　静
责任印制：单爱军
北京虎彩文化传播有限公司印刷
2025 年 2 月第 4 版第 10 次印刷
184mm×260mm · 14. 25 印张 · 345 千字
标准书号：ISBN 978-7-111-70764-6
定价：46. 00 元

电话服务　　　　　　　网络服务
客服电话：010-88361066　机 工 官 网：www. cmpbook. com
　　　　　010-88379833　机 工 官 博：weibo. com/cmp1952
　　　　　010-68326294　金 书 网：www. golden-book. com
封底无防伪标均为盗版　机工教育服务网：www. cmpedu. com

前　言

本书是"十二五"职业教育国家规划教材的修订版、河北省"十四五"职业教育规划教材，是根据教育部颁布的《高等职业学校专业教学标准》，同时参考电工国家职业技能标准编写而成的。

《电气控制技术项目教程》一书自 2009 年出版后，以其鲜明的职业教育特色、科学合理的内容安排、完善贴心的资源配套，受到了全国广大职业院校教师与学生的欢迎。为了使本书内容紧跟行业需求和技术发展，在保留原教材主体内容与特色的基础上对其内容进行了优化、补充和调整，主要做了以下几方面的修订工作：

1. 将职业精神、劳动精神和工匠精神的培养融入专业知识学习和技能训练中，以"职业素养加油站"小栏目对读者进行职业素养和思政教育的点拨提示。

2. 在生产应用篇更新了控制柜的质量检验方法和装配工艺；按新的电工国家职业技能标准更新了有关试题。关于低压电器和高压电器的电压分界值，按国家标准 GB/T 2900.18—2008《电工术语　低压电器》进行了修正。

3. 增加了常用低压电器元件和典型控制电路工作原理的教学视频二维码。

4. 将主要工具仪表使用指导和主要设备安全操作规程纳入附录，作为学生学习参考内容。

本书特色如下：

1. 注重素质培养，贯彻立德树人。在专业知识学习中培养学生诚实守信、爱岗敬业的职业精神，让学生树立科技报国的爱国情怀，培养学生的信息素养和创新精神；在技能训练中融入对规范操作、安全意识、节约意识、环保意识、劳动精神和工匠精神的培养；在合作学习中培养集体意识和团队合作精神。

2. 注重产教融合，更新教学内容。本书为校企"双元"开发教材，从行业企业典型工作任务中提炼教学项目，突出新知识、新技术、新工艺，并贯彻最新国家标准和安全规范。

3. 完善立体化资源配套，打造互联网＋新形态教材。针对教材中的重点和难点内容，制作了仿真视频、原理动画视频、操作视频、微课、三维结构图、实物照片等大量的教学资源，并以二维码的形式插入到相关项目，方便扫码阅读，实现线上线下混合式教学。

4. 教学标准对接职业标准，延伸教材功能。依据电工国家职业技能标准要求，精选考证试题补充到教材相关项目自测题中，为考取职业资格证书打下基础。

本书学时分配建议如下，任课教师可根据不同专业和自己学校的具体情况进行适当的调整。

模　　块	项　　目	建议学时	模　　块	项　　目	建议学时
模块一 基础实训篇	项目一	10	模块二 设备检修篇	项目九	4
	项目二	10		项目十	4
	项目三	6		项目十一	4
	项目四	6	模块三 生产应用篇	项目十二	8
	项目五	6		项目十三	8
	项目六	6		项目十四	8
	项目七	4	模块四 职业资格鉴定与比赛	项目十五	8
	项目八	4			
合计			96		

　　本书由河北省科技工程学校姚锦卫、河北石油职业技术大学甄玉杰任主编，河北省科技工程学校张顺新、甄明任副主编，河北省科技工程学校李晓磊、许迎东参与编写。具体编写分工如下：姚锦卫编写项目一～项目四，张顺新编写项目五～项目七，甄玉杰编写项目八～项目十，李晓磊编写项目十一～项目十二，甄明编写项目十三～项目十四，许迎东编写项目十五和附录，全书由姚锦卫统稿。本书由葛永国主审，他对本书的编写提出了许多宝贵的意见和建议，在此表示真诚的谢意。

　　保定亚惠电力科技有限公司张国兴、张家口机械工业学校马晓红为本书提供了宝贵的技术资料，并参与了操作视频、微课、电子教案等教学资源的制作；上海数林软件有限公司为本书制作了部分动画仿真视频，在此表示感谢。在本书编写过程中，编者查阅和参考了众多文献资料，受益匪浅，得到了许多同行老师的帮助和支持，在此一并表示衷心感谢！

　　由于编者水平有限，书中难免会有不足，恳请读者批评指正。

编　者

二维码索引

页码	名称	图形	页码	名称	图形	页码	名称	图形
4	手动控制电路		10	熔断器知识点		16	电气控制系统图识读	
4	组合开关手动控制电路仿真		10	低压断路器		17	点动控制电路	
4	手动控制原理动画		11	低压断路器结构原理动画视频		19	单向连续运行电路安装任务介绍	
5	三相交流异步电动机		12	手动控制电路接线仿真		19	热继电器知识点	
7	电动机结构知识点		13	按钮开关		19	热继电器	
7	异步电动机转动原理视频		14	交流接触器		20	热继电器结构原理动画视频	
7	三相异步电动机工作原理动画视频		14	接触器三维结构		21	单向连续运行电路原理仿真	
9	低压熔断器		14	交流接触器工作原理		21	单向连续运行电路	

V

（续）

页码	名称	图形	页码	名称	图形	页码	名称	图形
29	两地控制电路原理仿真		46	工作台自动往返电路仿真		59	中间继电器触头系统动画视频	
36	正反转电路应用案例		54	四表位电表箱图片1		60	延时起动电路原理仿真	
36	小车自动往返示意图动画视频		54	四表位电表箱图片2		63	主电路顺序控制电路原理	
37	倒顺开关控制电路原理动画仿真		56	时间继电器		63	用接插器的顺序控制电路原理	
38	接触器联锁正反转控制电路		57	时间继电器接线及时间整定		64	顺序起动同时停止电路原理仿真	
40	双重联锁正反转控制电路		58	电子式时间继电器测试电路动画视频		64	顺序起动M2单独停止电路原理	
44	行程开关知识点		58	中间继电器		64	顺序起动逆序停止电路原理	
45	行程开关结构原理动画视频		58	中间继电器三维结构		72	空气阻尼时间继电器动画视频	

（续）

页码	名称	图形	页码	名称	图形	页码	名称	图形
74	Ｙ—△减压起动原理动画视频		92	能耗制动原理动画视频		106	双速电动机自动控制电路原理仿真	
75	Ｙ—△减压起动电路原理		94	反接制动原理动画视频		112	异步电动机图片	
75	Ｙ—△减压起动电路原理仿真		95	反接制动电路仿真视频		113	转子串电阻起动电路原理	
76	自耦变压器减压起动原理动画视频		96	速度继电器三维模型		114	过电流继电器控制的转子串电阻起动电路	
76	自耦变压器减压起动电路原理仿真		97	速度继电器动作原理动画视频		115	时间继电器控制的转子串电阻起动电路原理	
78	定子绕组串电阻减压起动原理动画		99	剥线钳剥线动画视频		122	电流互感器图片a	
79	延边三角形减压起动原理动画仿真		104	变极调速原理动画视频		122	电流互感器图片b	
88	Ｙ—△减压起动控制柜图片		105	转换开关控制双速电动机电路原理		124	单相电容运转电动机正反转控制电路	

（续）

页码	名称	图形	页码	名称	图形	页码	名称	图形
126	吊扇调速电路原理动画视频		141	摇臂钻床 Z3050 外形		172	导轨的裁剪	
126	洗衣机电路原理动画视频		141	摇臂钻床外形及运动形式		172	护线橡胶圈的安装	
130	双电源应急照明控制电路图片		143	Z3050 控制电路三维仿真		173	导线羊眼圈的制作与安装	
134	车削加工动画视频		151	铣床外形及铣削加工		182	手电钻的使用动画视频	
134	CA6140 三维结构		152	铣削加工动画视频		193	电气控制柜出厂检验	
135	CA6140 电气原理仿真		154	X62W 控制电路三维仿真		209	电动机绝缘电阻的检查动画视频	
136	CA6140 控制电路三维仿真		168	常用装配工具		209	液压开孔器的使用	
141	摇臂钻床外形图片		172	用开孔器扩孔				

目　录

模块一

▶▶▶ 基础实训篇

项目一

电动机单向直接起动控制电路安装与检修

职业岗位应知应会目标

知识目标：

➢ 掌握熔断器、低压断路器、按钮、接触器、热继电器的外形、结构、原理、符号、型号和安装使用方法。

➢ 能识读电气原理图，理解电路工作过程。

➢ 能识读电气接线图、电器布置图。

➢ 了解电动机基本控制电路故障检修的一般步骤和方法。

技能目标：

➢ 能按图熟练安装电路。

➢ 能根据原理图绘制接线图。

➢ 能用万用表对电路进行通电前的检测。

➢ 能用试验法、逻辑分析法、测量法进行排故。

职业素养目标：

➢ 严谨认真、规范操作、爱护公物。

➢ 安全意识、环保意识、协作意识。

➢ 崇德向善、劳动精神、工匠精神。

项目职业背景

通常规定电源容量在 $180kV \cdot A$ 以上、功率在 $7.5kW$ 及以下的三相异步电动机可采用直接起动。砂轮机、通风机、台钻、切割机、机床等设备正常工作时三相异步电动机都是单向运行的。

通过本项目的学习和实际操作训练，能够掌握熔断器、低压断路器、按钮、接触器、热继电器的用途、结构、原理、符号、型号以及安装使用方法，识读简单的电气原理图、电器布置图和电气接线图，能安装简单电路。

任务一　电动机单向手动控制电路安装

从外形、结构、原理、符号、型号以及安装使用等方面认识三相异步电动机、熔断器、低压断路器等电器元件。学会识读电路图，能安装电动机手动控制电路。手动控制电路应用如图1-1所示。

图1-1　手动控制电路应用

a）排尘离心通风机　b）轴流通风机　c）小型台钻　d）切割机

一、认识电路图

单向手动控制电路电气原理图如图1-2所示。

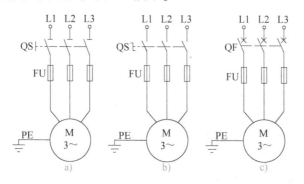

组合开关手动控制
电路仿真

手动控制原理动画

图1-2　单向手动控制电路电气原理图

a）开启式开关熔断器组控制　b）组合开关控制　c）低压断路器控制

在本任务中按图1-2c所示进行手动控制电路安装。

二、认识所涉及的元器件

1. 三相异步电机

（1）电机分类　将机械能变换为电能的电机称为发电机，将电能变换为机械能的电机称为电动机。根据电流性质的不同，电动机分为直流电动机和交流电动机两大类。电机详细分类如下：

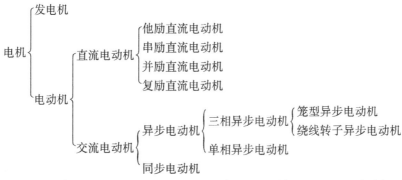

（2）三相异步电动机结构　三相异步电动机由定子和转子组成。根据转子绕组形式的不同，三相异步电动机分为笼型异步电动机和绕线转子异步电动机。三相异步电动机结构实物图如图 1-3 所示。

a)　　　　　　　　　　　　　　　　　　　　　b)

图 1-3　三相异步电动机结构实物图

a) 笼型异步电动机结构　b) 绕线转子异步电动机结构

三相笼型异步电动机结构示意图如图 1-4 所示。

三相交流异步
电动机

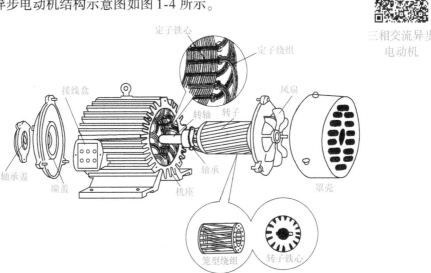

图 1-4　三相笼型异步电动机结构示意图

各种三相异步电动机的定子结构基本相同，而转子结构有所不同。定子是异步电动机的静止部分，由机座、定子铁心、定子绕组及端盖等部件组成。机座通常用铸铁或铸钢制成，定子铁心由0.5mm厚的硅钢片叠压而成，内圆冲有嵌放定子绕组的槽，并固定在机座内。

定子绕组是由绝缘导线绕制而成的三相绕组，对称地嵌放在定子铁心槽内。三相绕组结构相同，空间互差120°电角度。定子绕组的三个首端用U1、V1、W1表示，尾端用U2、V2、W2表示，都接到机座上的接线盒中，如图1-5a所示。定子三相绕组根据需要可以采用星形（丫）联结或三角形（△）联结，如图1-5b和图1-5c所示。

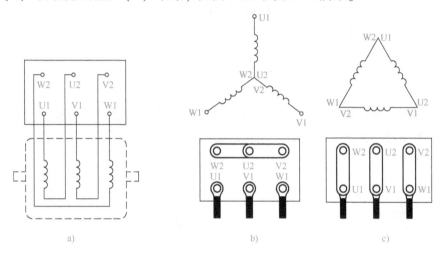

图 1-5　三相定子绕组的接法

a）接线盒的内部连接　b）星形联结　c）三角形联结

转子是异步电动机的转动部分，主要由转轴、转子铁心、转子绕组、风扇等组成。转子铁心用于构成电动机磁路和安放转子绕组，由0.35~0.5mm厚的硅钢片叠压成圆柱体，并紧固在转轴上。转子铁心的外表面有均匀分布的线槽，用以嵌放转子绕组。

转子绕组可分为笼型绕组和绕线式绕组。

对于有特殊性能要求和大型异步电动机，常采用铜条插入转子槽内，在铜条两端焊上铜环，构成笼型绕组，如图1-6a所示。对于中小型异步电动机，笼型绕组一般采用铸铝将导条、端环、风扇叶片一次铸出，如图1-6c所示。

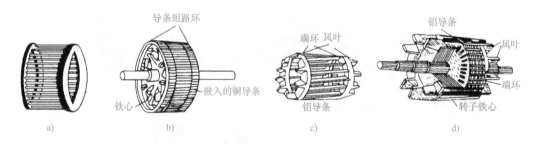

图 1-6　三相笼型异步电动机转子结构示意图

a）铜条转子绕组　b）铜条转子外形　c）铸铝转子绕组　d）铸铝转子外形

绕线式绕组与定子绕组相似，由嵌放在转子铁心槽内的对称三相绕组组成。对于小容量的电动机，三相绕组在电动机内部采用三角形联结；对于大容量的电动机，三相绕组则采用星形联结。绕组的三根引出线分别接到轴上三个彼此绝缘的集电环上，集电环固定在转轴上。如图1-7所示，转子绕组通过集电环和电刷与外部的变阻器串联，构成转子的闭合回路。

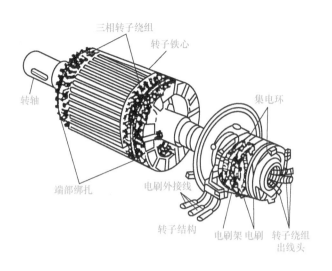

电动机结构知识点

异步电动机转动
原理视频

三相异步电动机
工作原理动画视频

图 1-7 绕线转子异步电动机转子结构

（3）三相异步电动机原理 在对称的三相定子绕组中通入三相对称交流电，定子绕组中将流过三相对称电流，气隙中将建立旋转磁场，在转子绕组中产生感应电流。由于转子自身是闭合的，带电的转子导体在磁场中受电磁力的作用，形成电磁转矩，推动电动机旋转。

（4）三相异步电动机铭牌 每台电动机出厂时，在它的外壳上都有一块铭牌，如图 1-8 所示，上面标有电动机的型号规格和有关技术数据，以便用户正确地选择和使用电动机。

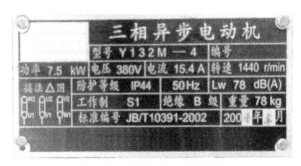

图 1-8 三相异步电动机铭牌

图 1-8 所示三相异步电动机的型号含义如下：

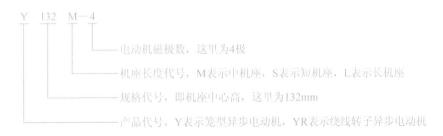

7

图 1-8 所示铭牌包含三相异步电动机的技术数据如下：

1）电压（U_N）：额定电压，指电动机在额定状态下运行时加在定子绕组出线端的线电压（单位为 V），这里为 380V。

2）电流（I_N）：额定电流，指电动机在额定状态下运行时流入电动机定子绕组中的线电流（单位为 A），这里为 15.4A。

3）功率（P_N）：额定功率，指电动机在额定状态下运行时转子轴上输出的机械功率（单位为 kW），这里为 7.5kW。

4）50Hz（f_N）：在额定状态下运行时电动机定子侧电压的频率（单位为 Hz），我国电网 $f_N = 50Hz$。

5）转速（n_N）：额定转速，指电动机在额定状态下运行时的转速（单位为 r/min），这里为 1440r/min。

6）防护等级：电动机外壳防护等级的代号由表征字母 IP 及后面的两个表征数字组成，这里为 IP44，其含义如下：

IP——表征字母，为"International Protection（国际防护）"的缩写；第一位表征数字表示防止固体进入电机外壳内的等级，这里数字 4 表示防止直径大于 1mm 的固体进入壳内；第二位表征数字表示防止液体（水）进入电机外壳的等级，这里数字 4 表示承受任何方向的溅水应无有害影响。

7）绝缘：绝缘等级，表示电动机各绕组及其他绝缘部件所用绝缘材料的耐热等级。绝缘材料按耐热性能可分为 Y、A、E、B、F、H、N 共 7 个等级。目前国产电动机使用 B、F、H、N 共 4 个等级的绝缘材料，其耐热性能等级见表 1-1。

表 1-1　绝缘材料耐热性能等级

绝缘等级	130（B）	155（F）	180（H）	200（N）
最高允许温度/℃	130	155	180	>180

电气设备（包括电动机）的温度高出环境温度的数值称为温升。电动机的额定温升是指在规定的环境温度（40℃）下，电动机绕组的最高允许温升，它取决于绕组的绝缘等级。

8）工作制：电动机的运行方式。S1 表示连续运行；S2 表示短时运行；S3 表示断续周期运行。

此外，铭牌上还标明电动机三相绕组的连接方法，有星形（丫）联结和三角形（△）联结两种，这里为"接法△图"，表示电动机三相绕组采用△联结。

做一做

电动机绕组联结实训

将实训室电动机（JW6314 型或其他型号）按要求连接好并观察电动机运行情况，操作步骤如下：

1）将电动机绕组接成星形（Ｙ）联结，可参考图 1-5b，通电观察电动机的转向和转速。

2）断电后，将连接电动机的任意两根电源线互换，通电观察电动机的转向。

3）将电动机绕组接成三角形（△）联结，可参考图 1-5c，通电观察电动机的转向和转速。对比星形（Ｙ）联结和三角形（△）联结哪种更快？用电工理论解释原因。

2. 熔断器

熔断器是一种在低压配电网络和电力拖动系统中起短路保护作用的低压电器，使用时串联在被保护的电路中。当电路或电气设备发生短路故障时，通过熔断器的电流达到或超过某一规定值，其中的熔体就会熔断，从而分断电路，起到保护电路及电气设备的目的。熔断器具有结构简单、价格便宜、使用维护方便、体积小、重量轻等优点。

（1）外形、结构及符号　熔断器常用系列产品有瓷插式、螺旋式、无填料封闭管式、有填料封闭管式等类型。图 1-9 所示为 RT18 系列熔断器外形及电路符号，它属于有填料封闭管式熔断器。

熔断器主要由熔体和安装熔体的底座两部分组成。其中熔体是熔断器的主要部分，常做成片状或丝状；底座是熔体的保护外壳，在熔体熔断时兼有灭弧作用。

（2）型号　熔断器的型号及其含义如下：

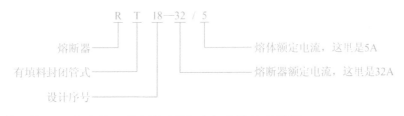

熔断器
有填料封闭管式
设计序号
熔体额定电流，这里是5A
熔断器额定电流，这里是32A

低压熔断器

（3）安装和使用　在安装和使用熔断器时应遵循以下原则：

1）熔断器应完整无损，接触紧密可靠，并标出额定电压值和额定电流值。

2）有填料封闭管式熔断器应垂直安装，接线遵循"上进下出"的原则，如图 1-10 所示。

FU

图 1-9　RT18 系列熔断器外形及电路符号

a）熔体　b）熔断器底座　c）电路符号

进线

出线

图 1-10　熔断器的接线原则

3）选择熔断器时，各级熔体应相互配合，并要求上一级熔体额定电流大于下一级熔体的额定电流。

4）熔断器兼作隔离目的使用时，应安装在控制开关的进线端；若仅作短路保护使用时，应安装在控制开关的出线端。

（4）其他常见熔断器外形　其他几种常见的熔断器外形如图1-11所示。

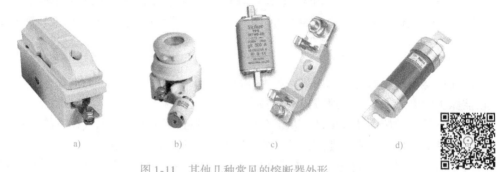

图1-11　其他几种常见的熔断器外形

a）瓷插式　b）螺旋式　c）有填料封闭管式　d）无填料封闭管式

熔断器知识点

3. 低压断路器

低压断路器是一种既有开关作用又能进行自动保护的低压电器，当电路中发生短路、过载、电压过低（欠电压）等故障时能自动切断电路，主要用于不频繁接通和分断电路及控制电动机的运行。

（1）外形、结构及符号　常用的低压断路器有塑壳式（装置式）和框架式（万能式）两类，其外形和电路符号如图1-12所示。

图1-12　常见的几种低压断路器的外形和电路符号

a）DZ5系列　b）DZ47系列　c）DZ108系列　d）电路符号

低压断路器主要由以下部分组成：触头系统，用于接通或切断电路；灭弧装置，用于熄灭触头在切断电路时产生的电弧；传动机构，用于操作触头的闭合与分断；保护装置，当电路出现故障时，促使触头分断，切断电源。DZ5系列塑壳式低压断路器的结构示意图如图1-13所示。

（2）型号　低压断路器的型号及其含义如下：

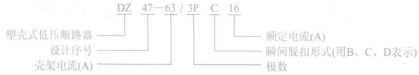

```
            DZ 47—63 / 3P  C  16
塑壳式低压断路器                        额定电流(A)
设计序号                         瞬间脱扣形式(用B、C、D表示)
壳架电流(A)                        极数
```

（3）安装接线

1）低压断路器应垂直于配电板安装，将电源引线接到上接线端，负载引线接到下接线端，如图1-14所示。

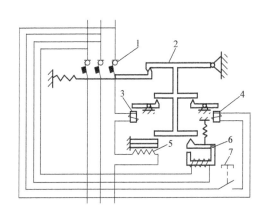

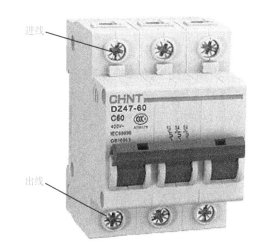

图 1-13　DZ5 系列塑壳式低压断路器的结构示意图　　图 1-14　DZ47 系列低压断路器接线

1—主触头　2—自由脱扣器　3—过电流脱扣器

4—分励脱扣器　5—热脱扣器

6—失（欠）电压脱扣器　7—测试按钮

2）低压断路器用作电源总开关或电动机控制开关时，在电源进线侧必须加装刀开关或熔断器，以形成一个明显的断开点。

三、工具材料准备

按表 1-2 准备工具、设备（本书其他项目所用工具与本项目相同，不再重复列出），并按表 1-3 配齐本任务所用元器件。

低压断路器结构
原理动画视频

表 1-2　电动机单向手动控制电路所用工具、设备

序号	名　称	型号与规格	数　量
1	三相五线交流电源	~3×380/220V，20A	1 处
2	电工通用工具	低压验电器、一字螺钉旋具、十字螺钉旋具、剥线钳、尖嘴钳、电工刀等	1 套
3	万用表	指针式万用表或数字式万用表	1 只
4	绝缘电阻表（兆欧表）	500V，0~200MΩ	1 只
5	劳保用品	安全帽、绝缘鞋、工作服、护目镜等	1 套

表 1-3　电动机单向手动控制电路元器件清单

序号	名　称	型号与规格	数　量
1	三相异步电动机	Y112M—4,4kW,380V,8.8A,1440r/min	1 台
2	熔断器	RT18—32,500V,配 20A 和 4A 熔体	3 只
3	低压断路器	DZ47—32,380V,20A	1 只
4	端子板	TB1510L,600V,15A,10 节或配套自备	1 条
5	木螺钉	$\phi 3mm \times 20mm$；$\phi 3mm \times 15mm$	若干
6	导线	BV1.5mm²（颜色自定）	若干
7	接地保护线(PE)	BVR1.5mm²，绿–黄双色	若干

四、安装步骤及工艺要求

1. 检测电器元件

1）根据电动机的规格检验选配的低压断路器、熔断器、导线的型号及规格是否满足要求。

2）所选用的电器元件的外观应完整无损，附件、备件齐全。

3）用万用表、绝缘电阻表检测电器元件及电动机的有关技术数据。

2. 安装电器元件

在控制板上按图 1-2c 所示电路布置并安装电器元件。电器元件安装应牢固，并符合工艺要求。

3. 布线

图 1-2c 所示电路的接线示意图如图 1-15 所示。按图 1-15 接好电路。

4. 安装电动机

1）控制板必须安装在操作时能看到电动机的地方，以保证操作安全。

2）电动机应牢固固定在底座上。在紧固地脚螺栓时，必须按对角线均匀用力，依次交替，逐步拧紧。

3）连接好控制开关到电动机的接线。

手动控制电路
接线仿真

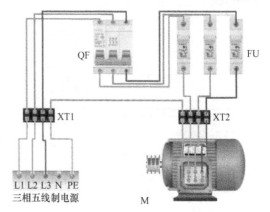

图 1-15　断路器控制的单向手动
控制电路接线示意图

5. 通电试车

闭合 QF，用万用表的通断档（蜂鸣挡）分别测量 L1—U、L2—V、L3—W，通则接好电动机，再连接三相电源，经教师检查合格后进行通电试运行。

6. 现场整理

电路安装完毕，将工具放回原位摆放整齐，清理、整顿工作现场。

 职业安全提示

安装电路注意事项

1）电动机使用的电源电压和绕组的接法必须与铭牌上规定的一致。

2）接线时，必须先接负载端，后接电源端；先接接地线，后接三相电源线。

3）通电试运行时，若发生异常情况应立即断电检查。

4）熔断器的额定电压不能低于电路的额定电压，熔断器的额定电流不能小于所装熔体的额定电流。

➢ 遵守实训室守则，掌握正确的停送电顺序，保证用电安全。

➢ 电路安装实训中，在保证实训效果的前提下，旧导线尽量重复利用，新导线裁切时长度应适当，废旧线皮集中处理，培养节约和环保意识。

任务二　电气控制系统图识读与绘制

以点动控制电路为例学习电气原理图、电器布置图和电气接线图的绘制规则。通过本任务的学习，了解电气控制系统图的分类，会分析电气原理图，能读懂电路所表达的含义，会按所给的电气原理图绘制电气接线图。为了能识读点动控制电路图，需要先学习按钮、接触器的有关知识。

一、按钮、接触器的识别与检测

从外形、符号、型号、安装使用等方面认识按钮和接触器。

1. 按钮

按钮是一种短时接通或分断小电流电路的主令电器，按钮的触头允许通过的电流较小，一般不超过5A，因此一般情况下它不直接控制主电路的通断，而是在控制电路中发出指令或信号去控制接触器、继电器等，再由它们去控制主电路的通断、功能转换或电气联锁。

图1-16所示为LA19系列按钮的外形、结构与电路符号。

按钮一般是由按钮帽、复位弹簧、动触头、静触头、外壳及支柱连杆等组成。

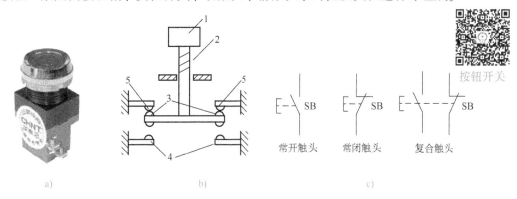

按钮开关

图1-16　LA19系列按钮的外形、结构与电路符号

a) 外形　b) 结构　c) 符号

1—按钮帽　2—复位弹簧　3—动触头　4—常开触头　5—常闭触头

常用的按钮有LA10、LA18、LA19、LA20及LA25等系列。其中LA18系列采用积木式结构，触头数目可按需要拼装至6常开6常闭，一般拼装成2常开2常闭。LA19、LA20系列有带指示灯和不带指示灯两种，前者按钮帽用透明塑料制成，兼作指示灯罩。按钮按照结构形式可分为开启式（K）、保护式（H）、防水式（S）、防腐式（F）、紧急式（J）、钥匙式（Y）、旋钮式（X）和带指示灯式（D）等。

2. 接触器

接触器是一种用来自动接通或断开大电流电路并可实现远距离控制的电器。它不仅具有欠电压和失电压保护功能，而且还具有控制容量大、过载能力强、寿命长、设备简单经济等特点，在电力拖动控制电路中得到了广泛应用。

按主触头通过电流的种类，接触器可分为交流接触器和直流接触器两类。交流接触器的外形、符号、结构原理和安装使用介绍如下。

（1）外形和符号　交流接触器的外形和电路符号如图1-17所示。

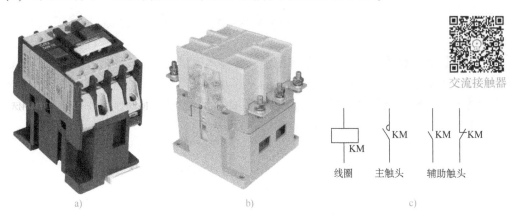

图1-17　交流接触器的外形和电路符号

a）CJX系列　b）CJ20系列　c）电路符号

（2）结构、原理　交流接触器由电磁系统、触头系统、灭弧装置及辅助部件构成。CJX2交流接触器的结构如图1-18所示。

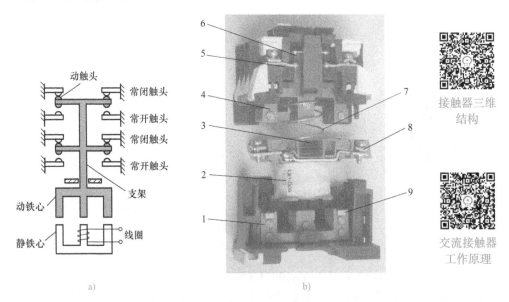

图1-18　CJX2交流接触器的结构

a）结构示意图　b）CJX系列结构实物图

1—静铁心　2—线圈　3—复位弹簧　4—动铁心　5—静触头　6—动触头

7—塔形弹簧　8—接线端子　9—短路环

接触器的工作原理简述如下：线圈通电后，在铁心中产生磁通及电磁吸力。此电磁吸力克服弹簧反力使得衔铁吸合，带动触头机构动作，使得常闭触头断开，常开触头闭合。线圈断电或线圈两端电压显著降低时，电磁吸力小于弹簧反力，使得衔铁释放，触头机构恢复常态。

接触器在分断大电流电路时，在动、静触头之间会产生较大的电弧，不仅会烧坏触头，延长电路分断时间，严重时还会造成相间短路，所以工作电流在20A以上的接触器上均装有灭弧装置。对于小容量的接触器，常采用双断口灭弧、电动力灭弧、相间弧板隔弧及陶土灭弧罩灭弧。对于大容量的接触器，常采用纵缝灭弧及栅片灭弧。部分灭弧装置如图1-19所示。

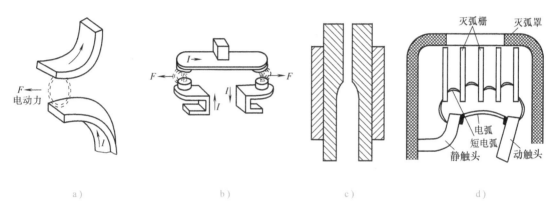

a)　　　　　　　　b)　　　　　　　　c)　　　　　　　　d)

图1-19　部分灭弧装置
a) 电动力灭弧　b) 双断口灭弧　c) 纵缝灭弧　d) 栅片灭弧

（3）型号　交流接触器的型号及含义如下：

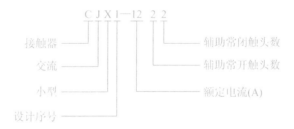

CJX1—1222表示交流接触器额定电流为12A，具有3对主触头、两对辅助常开触头、两对辅助常闭触头。

（4）检测

1）检查外壳有无裂纹，各接线桩螺栓有无生锈，零部件是否齐全。

2）检查交流接触器的电磁机构动作是否灵活可靠，有无衔铁卡阻等不正常现象。检查接触器触头有无熔焊、变形、严重氧化锈蚀现象，触头应光洁平整、接触紧密，防止粘连、卡阻。

3）用万用表检查电磁线圈的通断情况。线圈直流电阻若为零，则线圈短路；若为∞，则线圈断路，以上两种情况均不能使用。

4）核对接触器的电压等级、额定电流、触头数目及开闭状况等。

（5）安装使用

1）交流接触器一般应安装在垂直面上，倾斜度不得超过 5°；若有散热孔，则应使孔位于垂直方向上，以利于散热，并按规定留有适当的电弧空间，以免电弧烧坏相邻元器件。

2）安装和接线时，注意不要将零件失落或掉入接触器内部。安装孔的螺钉应装有弹簧垫圈和平垫圈并拧紧螺钉以防振动松脱。

3）安装完毕检查接线正确无误后，在主触头不带电的情况下操作几次，然后测量接触器的动作值和释放值，所测数值应符合产品的规定要求。

做一做

交流接触器应用测试

用 220V 交流接触器控制蜂鸣器，按图 1-20 所示电路图接线，经教师检查后方可通电。图中带圆圈的标号为元器件上面的标号，如交流接触器上的 A1、A2 是线圈接线桩，13 和 14 是交流接触器的一对辅助常开触头接线桩。

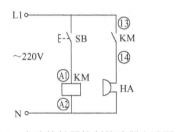

图 1-20 交流接触器控制蜂鸣器电路图

二、识读电气控制系统图

电气控制系统图是一种统一的工程语言，它采用统一的图形符号和文字符号来表达电气设备控制系统的组成结构、工作原理及安装、调试和检修等技术要求。一般包括电气原理图、电器布置图和电气接线图。我国现行电气图形标准为 GB/T 4728—2008～2018《电气简图用图形符号》。

电气控制系统图识读

1. 电气原理图

电气原理图是采用图形符号和项目代号并按工作顺序排列，详细表明设备或成套装置的组成和连接关系及电气工作原理，而不考虑其实际位置的一种简图。电气原理图一般由主电路、控制电路、辅助电路、保护及联锁环节、特殊控制电路等部分组成。电动机点动控制电路电气原理图如图 1-21 所示。

最上面一行为功能栏，简要说明各部分的功能；最下面一行为分区栏。

图中 KM_3 表示交流接触器 KM 的线圈在第 3 区。KM 下面分三栏并用竖线隔开，最左栏代表主触头所在区，中间栏代表辅助常开触头所在区，最右栏代表辅助常闭触头所在区。图中 $\begin{matrix}\mathrm{KM}\\2&\times\\2\\2\end{matrix}$ 表示交流接触器 KM 有 3 对主触头，1 对辅助常开触头，0 对辅助常闭触头，其中 3 对主触头在第 2 区，1 对辅助常开触头未使用。

电动机点动控制是指按下按钮，电动机就得电运转；松开按钮，电动机就断电停转。当电动机需要点动运行时，合上低压断路器，按下按钮 SB，接触器 KM 线圈得电，其主触头闭合，电动机起动运行；松开按钮时，接触器 KM 线圈断电，其主触头断开，电动机停转。

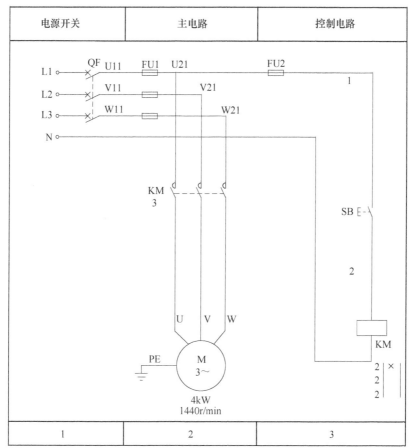

图 1-21　电动机点动控制电路电气原理图

2. 电器布置图

布置图是根据电器元件在控制板上的实际安装位置，采用简化的外形符号（如正方形、矩形、圆形等）而绘制的一种简图。它不表达各电器的具体结构、作用、接线情况以及工作原理，主要用于电器元件的布置和安装。图中各电器元件的文字符号必须与原理图和接线图的标注一致。电动机点动控制电路电器布置图如图 1-22 所示。

3. 电气接线图

电气接线图是根据电气设备和电器元件的实际位置和安装情况绘制的，只用来表示

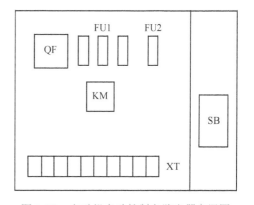

图 1-22　电动机点动控制电路电器布置图

电气设备和电器元件的位置、配线方式和接线方式，而不明显表示电气动作原理，主要用于安装接线、电路的检查维修和故障处理，电动机点动控制电路的电气接线图如图 1-23 所示。

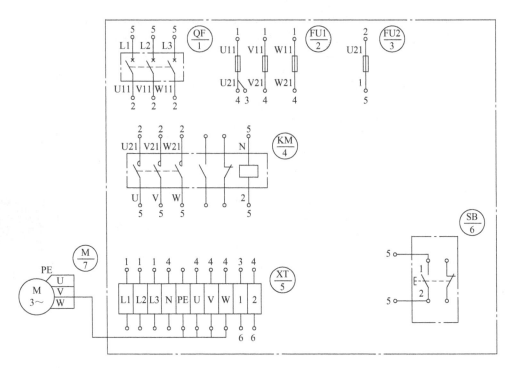

图1-23　电动机点动控制电路的电气接线图

职业标准链接

电气接线图的绘制规则

1）电器元件的文字符号应与电气原理图标注完全一致。同一电器元件的各个部件必须画在一起，并用点画线框起来。各电器元件的位置应与实际位置一致。

2）各电器元件上凡需接线的部件端子都应绘出，控制板内外元器件的电气连接一般要通过端子板进行，各端子的标号必须与电气原理图上的标号一致。

3）走向相同的多根导线可用单线或线束表示。

4）接线图中最好标明连接导线的规格、型号、根数、颜色和穿线管的尺寸等。

绘制电气接线图时一般按如下四个步骤进行：

（1）标线号　在电气原理图上定义并标注每一根导线的线号。主电路线号的标注通常采用字母加数字的方法标注，控制电路线号采用数字标注。控制电路标注线号时可以在继电—接触器线圈上方或左方的导线标注奇数线号，线圈下方或右方的导线标注偶数线号；也可以由上到下、由左到右的顺序标注线号。线号标注的原则是每经过一个电器元件，变换一次线号（不含接线端子）。

（2）画元器件框及符号　依照安装位置在接线图上画出元器件电气符号图形及外框。

（3）分配元器件编号　给各个元器件编号，元器件编号用多位数字表示，将元器件编号连同电气符号标注在元器件方框的斜上方（左上角或右上角）。

（4）填充连线的去向和线号　在元器件连接导线的线侧和线端标注线号和导线去向（元器件编号）。

任务三　单向连续运行控制电路安装

三相异步电动机的单向连续运行控制在生产中应用很广泛，其控制电路的原理及安装与维修技能是电工必须掌握的基础知识和基本技能。在本任务中将要学到的器件是热继电器。

单向连续运行电路
安装任务介绍

一、热继电器的识别与检测

热继电器是利用电流的热效应对电动机或其他用电设备进行过载保护的控制电器。它主要用于电动机的过载保护、断相保护、电流不平衡运行的保护及其他电气设备发热状态的控制。

热继电器有多种形式，如双金属片式、热敏电阻式、易熔合金式。其中双金属片式应用最多。热继电器按极数不同可分为单极式、两极式和三极式，按复位方式不同可分为自动复位式和手动复位式。

热继电器知识点

（1）外形、结构和符号　热继电器的外形和电路符号如图 1-24 所示。

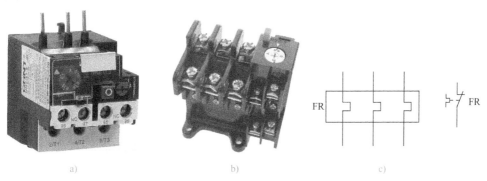

图 1-24　热继电器的外形和电路符号

a）T 系列　b）JR36 系列　c）电路符号

热继电器的结构如图 1-25 所示。

（2）型号　热继电器的型号及含义如下：

热继电器

目前我国工业生产中常用的热继电器有 JRS1、JR20、JR36 等系列，以及引进的 T 系列、3UA 系列产品，均为双金属片式。其中，JR20 和 T 系列是带有差动断相保护机构的热继电器。

（3）整定电流　所谓整定电流，是指热继电器连续工作而不动作的最大电流。热继电器的整定电流大小可通过旋转整定电流调节旋钮来调节，旋钮上刻有整定电流值标尺，如图 1-26 所示。

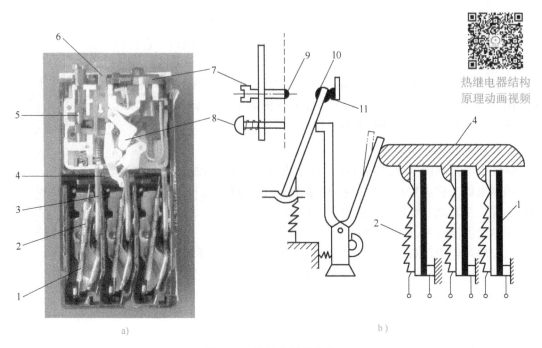

热继电器结构
原理动画视频

a)

b)

图 1-25　热继电器的结构

1—双金属片　2—热元件　3—对外连接插头　4—导板　5—手动复位按钮　6—测试按钮
7—电流调节旋钮　8—杠杆机构　9、11—静触头　10—动触头

图 1-26　热继电器电流整定部件标识

1—整定电流调节旋钮　2—热元件接线端子　3—测试按钮　4—复位按钮　5—常闭触头　6—常开触头

热继电器的整定电流为电动机额定电流的 0.95 ~ 1.05 倍，但若在电动机拖动的是冲击性负载、起动时间较长或拖动的设备不允许停电等情况下，热继电器的整定电流可取电动机额定电流的 1.1 ~ 1.5 倍。如果电动机的过载能力较差，热继电器的整定电流可取电动机额定电流的 0.6 ~ 0.8 倍。同时整定电流应留有一定的上下限调整范围。

（4）安装使用　热继电器在电路中只能用作过载保护，而不能用作短路保护。由于热惯性，双金属片从升温到发生弯曲直到常闭触头断开需要一段时间，不能在短路瞬间分断电路。也正是这个热惯性，在电动机起动或短时过载时，热继电器不会误动作。

 职业标准链接

热继电器安装规范

1）热继电器应安装在其他元器件的下方，以防止其他元器件发热而影响其动作的准确性。

2）T 系列或 JRS1 系列热继电器可以安装在底座上，然后固定到导轨上，也可以和接触器直接连接。

二、识读单向连续运行控制电路系统图

1. 电气原理图

单向连续运行控制电路电气原理图如图 1-27 所示，电路工作原理如下：

合上断路器 QF，起动时，按下起动按钮 SB2，接触器 KM 线圈得电，其主触头闭合，电动机起动运转，同时 KM 常开辅助触头闭合自锁；松开 SB2 后，由于接触器 KM 常开辅助触头闭合自锁，控制电路仍保持接通，电动机继续运转。停止时，按下停止按钮 SB1，接触器 KM 线圈断电，其主触头、常开辅助触头断开，电动机停转。

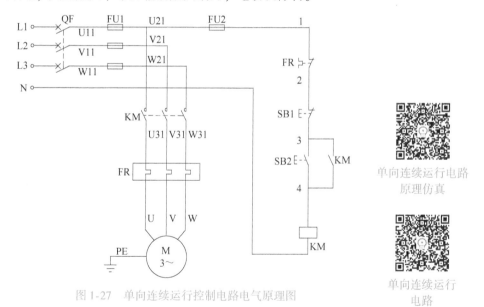

单向连续运行电路原理仿真

单向连续运行电路

图 1-27　单向连续运行控制电路电气原理图

 特别提示

1）通常将这种用接触器本身的触头使其线圈保持通电的环节称为自锁环节。将与起动按钮 SB2 并联的 KM 的常开辅助触头称为自锁触头。

2）具有按钮和接触器并能自锁的控制电路还具有欠电压保护与失电压（零电压）保护作用。

3）该电路通过熔断器实现短路保护，通过热继电器实现过载保护。

2. 电器布置图

单向连续运行控制电路的电器布置图如图1-28所示。

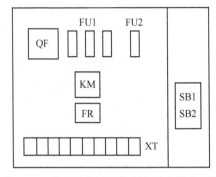

图1-28　单向连续运行控制电路电器布置图

3. 电气接线图

单向连续运行控制电路的电气接线图如图1-29所示。

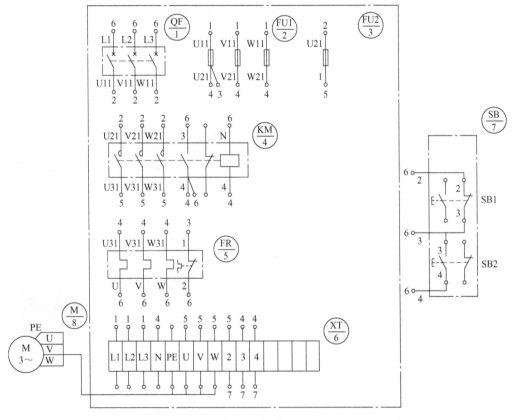

图1-29　单向连续运行控制电路的电气接线图

三、材料准备

1. 准备工具器材

1）单向连续运行控制电路元器件清单见表1-4。

表 1-4　单向连续运行控制电路元器件清单

序号	名　称	型号与规格	数　量
1	三相异步电动机	Y112M—4,4kW,380V,8.8A	1 台
2	熔断器	RT18—32,500V,配 20A 和 4A 熔体	4 只
3	低压断路器	DZ47—32/3P D20,380V	1 个
4	交流接触器	CJX1—1222,线圈电压为 220V	1 个
5	热继电器	JRS1—09—25/Z(LR2—D13),整定电流为 9.6A,配底座	1 只
6	按钮	LAY7 或 NP4—11BN,22mm,1 红 1 绿	2 只
7	端子板	TB1510L,600V	1 条
8	导轨	35mm×200mm	若干
9	木螺钉	ϕ3mm×20mm;ϕ3mm×15mm	若干
10	塑料硬铜线	BV2.5mm²,BV1.5mm²(颜色自定)	若干
11	塑料软铜线	BVR1.0mm²(颜色自定)	若干
12	接地保护线(PE)	BVR1.5mm²,绿-黄双色	若干
13	编码套管	自定	若干
14	扎带	150mm	若干

2）将导轨按器件所占位置裁切出所需要的长度。

2. 检查电器元件

1）所用电器元件的外观应完整无损，附件、备件齐全。

2）在不通电的情况下，测量线圈电阻，检查各元器件触头的分、合情况。

3）检查接触器线圈额定电压与电源是否相符。用手同时按下接触器的三个主触头，注意用力要均匀，检验操作机构是否灵活、有无衔铁卡阻现象。

四、控制电路安装

1. 安装元器件

按图 1-28 安装电器元件，并贴上醒目的文字符号。

 职业标准链接

电器元件安装的工艺要求

1）各电器元件的安装应整齐、匀称、间距合理和便于更换。

2）组合开关、熔断器的受电端子应安装在控制板的外侧。

3）紧固各元器件时用力均匀，紧固程度应适当。对熔断器、接触器等易碎裂元器件进行紧固时，应用旋具轮换旋紧对角线上的螺钉，并掌握好旋紧度，用手摇不动后再适当旋紧些即可。

4）对于需要导轨固定的元器件，应先固定好导轨，再将低压断路器、熔断器、接触器、热继电器等安装在导轨上。

5）低压断路器应正装，向上合闸为接通电路。

6）熔断器安装时应使电源进线端在上。

2. 布线

按图1-29进行板前明线布线。

 职业标准链接

板前明线布线工艺要求

1）走线通道应尽量少，同时将并行导线按主电路、控制电路分类集中，单层平行密排，紧贴敷设面。

2）同一平面上的导线应高低一致或前后一致，不能交叉。若必须交叉时，该根导线应在接线端子引出前就水平架空跨越，并应走线合理。

3）布线应横平竖直，分布均匀。变换走向时应垂直。

4）布线时，严禁损伤线芯和导线绝缘。

5）布线顺序一般以接触器为中心，由里向外、由低至高，先控制电路、后主电路进行，以不妨碍后续布线为原则。

6）在每根剥去绝缘层导线的两端套上编码套管。若电路简单可不套编码套管。所有从一个接线端子（桩）到另一个接线端子（桩）的导线必须连续，中间无接头。

7）导线与接线端子（桩）连接时，应不反圈、不压绝缘层和不露铜过长，同时做到同一元器件、同一回路不同接点的导线间距保持一致。

8）一个接线端子上的连接导线不能超过两根。

3. 自检电路

安装完毕的控制电路板必须经过认真检查后才允许通电试车。

（1）检查导线连接的正确性 按电路图或接线图从电源端开始逐段核对接线端子处线号是否正确，有无漏接、错接之处。检查导线接点是否符合要求，压接是否牢固。

（2）用万用表检查电路的通断情况 按照表1-5，用万用表检测安装好的电路，选择万用表合适挡位并进行欧姆调零，如果测量结果与正确值不符，应根据电路图和接线图检查是否有错误接线。

1）检查控制电路，测试结果参考表1-5。

表1-5 单向连续运行控制电路检测

操作方法	1—N 电阻	说 明
断开 FU2,常态下不操作任何器件	∞	1—N 不通,控制电路不得电
按下按钮 SB2	KM 线圈直流电阻	1—N 接通,控制电路 KM 线圈得电
按下接触器可动部分	KM 线圈直流电阻	1—N 接通,控制电路 KM 线圈得电
按下接触器可动部分,并按下 SB1	∞	1—N 断开,控制电路断电

2）检查主电路，测量项目参考表 1-6。

合上 QF，断开 FU2，分别测量如下接线端子间的阻值，测量结果参考表 1-6。

表 1-6　单向连续运行主电路检测（不接电动机）

测量项目	L1—U 电阻	L2—V 电阻	L3—W 电阻	L1—L2 电阻	L1—L3 电阻	L2—L3 电阻
常态下,不操作任何器件	∞	∞	∞	∞	∞	∞
合上 QF,压下 KM 的可动部分	0	0	0	∞	∞	∞

3）用绝缘电阻表检查线路的绝缘电阻，应不小于 1MΩ。

4. 接好电动机

按电动机铭牌上要求的绕组联结方式接好电动机，合上 QF，断开 FU2，压下 KM 的可动部分，再次测量 L1—L2、L1—L3 和 L2—L3 之间的电阻，测量结果参考表 1-7。

表 1-7　单向连续运行主电路检测（接入电动机）

测量项目	L1—U 电阻	L2—V 电阻	L3—W 电阻	L1—L2 电阻	L1—L3 电阻	L2—L3 电阻
合上 QF,压下 KM 的可动部分	0	0	0	R	R	R

注：设电动机每相绕组的直流电阻为 r，当电动机绕组采用丫联结时，压下 KM 的可动部分测量的阻值约为 $2r$；当电动机绕组采用△联结时，则阻值约为 $2r/3$。（想一想为什么？）

5. 教师检查

学生自检后，请教师检查，无误后方可连接好三相电源通电试车。

6. 通电试车

1）清理好台面。

2）提醒同组人员注意。

3）通电试车时，旁边要有教师监护，如出现故障应及时断电，检修并排除故障。若需再次通电，也应有教师在现场进行监护。

4）试车完毕，要先断开电源后拆线。

 **职业安全指示**

安装电路注意事项

1）电动机及按钮的金属外壳必须可靠接地。

2）熔断器和低压断路器接线时，遵循"上进下出"的原则（若使用螺旋式熔断器则遵循"低进高出"）。

3）按钮内接线时，要拧紧接线柱上的压紧螺钉，但用力不能过猛，以防止螺钉打滑。

4）热继电器的整定电流应按电动机的额定电流进行整定，一般情况下，热继电器应置于手动复位的位置上。

5）热继电器因电动机过载动作后，若需再次起动电动机，必须待热元件冷却后，才能按下复位按钮复位。

五、清理现场

实训结束后清理现场，收好工具、仪表，整理实训台。

任务四　单向运行控制电路故障检修

一、电动机基本控制电路故障检修的一般步骤和方法

电气控制电路的故障一般可分为自然故障和人为故障两大类。自然故障是由于电气设备在运行时过载、振动、锈蚀、金属屑和油污浸入、散热条件恶化等原因，造成电气绝缘下降、触头熔焊、电路接点接触不良，甚至发生接地或短路而形成的。人为故障是由于在安装控制电路时接线错误，在维修电气故障时没有找到真正原因或者修理操作不当，不合理地更换元器件或改动电路而形成的。

1. 电气控制电路故障检修的一般步骤

1）确认故障发生，并分清此故障是属于电气故障还是机械故障。

2）用试验法观察故障现象，初步判定故障范围。

3）用逻辑分析法缩小故障范围。

4）用测量法确定故障点。

5）根据故障点的不同情况，采取正确的维修方法排除故障。

6）检修完毕，进行通电空载校验或局部空载校验。

7）校验合格，通电正常运行。

2. 电气控制电路故障检修的常用方法

电气控制电路故障检修的常用方法有调查研究法、试验法、逻辑分析法和测量法。

（1）调查研究法　调查研究法就是通过"看""听""闻""摸""问"了解明显的故障现象；通过走访操作人员，了解故障发生的原因；通过询问他人或查阅资料，帮助查找故障点的一种常用方法。这种方法效率高、经验性强、技巧性强，需要在长期的生产实践中不断地积累和总结经验。

（2）试验法　试验法是在不扩大故障范围，不损伤电气和机械设备的前提下，以通电试验来查找故障的一种方法。对电路进行通电试验，观察电气设备和电器元件的动作，看是否正常运行，各控制环节的动作是否符合要求，找出故障发生的部位或电路。

（3）逻辑分析法　逻辑分析法是根据电气控制电路的工作原理、控制环节的动作顺序以及它们之间的联系，结合故障现象进行故障分析的一种方法。这种方法以故障现象为中心，对电路进行具体分析，提高了检修的针对性，可迅速判断故障部位，适用于对复杂电路的故障检查。

（4）测量法　测量法是利用校验灯、验电器、万用表、蜂鸣器、示波器等对电路进行带电或断电测量的一种方法。

若通过前述方法已经判断出控制电路有故障，则可通过测量法找出故障点。

1）电阻分阶测量法。电阻分阶测量法如图 1-30 所示。

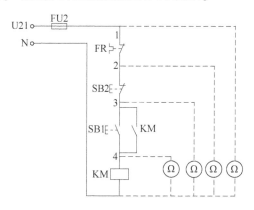

图 1-30　电阻分阶测量法

检测时，首先切断电路的电源，按下起动按钮 SB1，然后用万用表依次测量 N—1、N—2、N—3、N—4 两点之间的电阻值，根据测量结果可找出故障点，见表 1-8。

表 1-8　电阻分阶测量法结果记录

故障现象	测试状态	N—1	N—2	N—3	N—4	故障点
按下 SB1 时，KM 不吸合	按下 SB1 不放	∞	R	R	R	FR 常闭触头接触不良
		∞	∞	R	R	SB2 常闭触头接触不良
		∞	∞	∞	R	SB1 常开触头接触不良
		∞	∞	∞	∞	KM 线圈断路

2）电压分阶测量法。电压分阶测量法如图 1-31 所示。

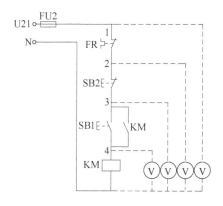

图 1-31　电压分阶测量法

检测时，需要两人配合进行。先用万用表测量 1 和 N 两点之间的电压，若电压为 220V，则说明控制电路的电源电压正常。然后由一人按下 SB1 不放，另一人把黑表笔接到 N 点，红表笔依次接到 2、3、4 各点，分别测量出 N—2、N—3、N—4 两点间的电压。根据其测量结果即可找出故障点，见表 1-9。

27

表 1-9　电压分阶测量法结果记录

故障现象	测试状态	N—1	N—2	N—3	N—4	故障点
按下 SB1 时，KM 不吸合	按下 SB1 不放	220V	0	0	0	FR 常闭触头接触不良
			220V	0	0	SB2 常闭触头接触不良
			220V	220V	0	SB1 常开触头接触不良
			220V	220V	220V	KM 线圈断路

电气控制电路的故障检修方法不是千篇一律的，各种方法可以配合使用，但不要生搬硬套。一般情况下，调查研究法能帮助我们找出故障现象；试验法不仅能找出故障现象，还能找到故障部位或故障电路；逻辑分析法是缩小故障范围的有效方法；测量法是找出故障点最基本、最可靠和最有效的方法。在实际检修工作中，应做到每次排除故障后，及时总结经验，做好检修记录，作为档案以备日后维修时参考，并通过对历次故障的分析和检修，采取积极有效的措施，防止再次发生类似的故障。

二、单向运行控制电路故障检修

1. 故障设置

在主电路和控制电路中人为设置电气故障各 1 处。

2. 教师示范检修

教师进行示范检修时，可把下述检修步骤及要求贯穿其中，直至故障排除。

1）用试验法来观察故障现象，主要注意观察电动机的运行情况、接触器的动作和电路的工作情况等，如发现有异常情况，应马上断电检查。

2）用逻辑分析法缩小故障范围，并在电路图上用虚线标出故障部位的最小范围。

3）用测量法正确、迅速地找出故障点。

4）根据故障点的不同情况，采取正确的修复方法，迅速排除故障。

5）排除故障后通电试车。

3. 学生检修

教师示范检修后，再由教师重新设置两处故障点，让学生进行检修。在学生检修的过程中，教师可进行启发性的示范指导。

4. 整理现场

整理现场，做好维修记录。

三、清理现场

实训结束后清理现场，收好工具、仪表，整理实训台。

任务五　电动机两地控制电路安装

将能在两地控制同一台电动机的控制方式称为两地控制。通过本任务的学习，进一步巩固电气原理图的识读方法、电器布置图的绘制以及根据电气原理图绘制电气接线图。

一、识读电动机两地控制电路电气原理图

电动机两地控制电路电气原理图如图 1-32 所示。其中，SB1、SB3 为安装在甲地的起动按钮和停止按钮，SB2、SB4 为安装在乙地的起动按钮和停止按钮。本电路的控制规律为两地的起动按钮要并联在一起，停止按钮要串联在一起。

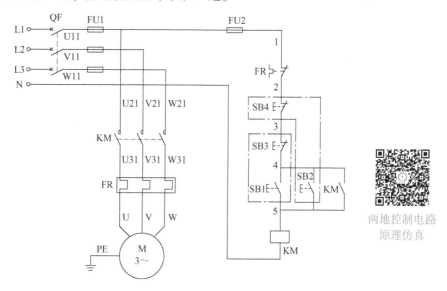

图 1-32　电动机两地控制电路电气原理图

对于三地或多地控制，只要把各起动按钮并联，各停止按钮串联即可实现。

二、补画电器布置图

将如图 1-33 所示电动机两地控制电路电器布置图补充完整。

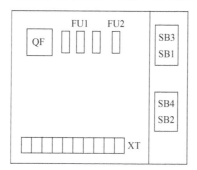

图 1-33　电动机两地控制电路电器布置图（在图中补画）

三、补画电气接线图

根据图 1-32 所示电气原理图，在图 1-34 中补画电气接线图。

四、安装训练

1）写出安装步骤。

2）电路安装接线。

3）检测电路并通电试车。

五、项目评价

将本项目的评价与收获填入表 1-10 中。其中规范操作一项可对照附录 B 给出的控制电路安装与调试评分标准进行评分。

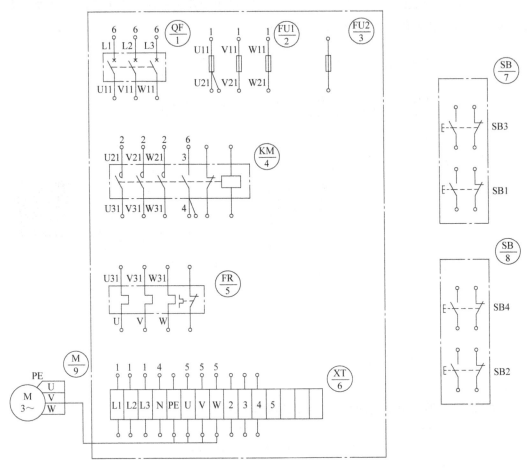

图 1-34　电动机两地控制电路电气接线图（在图中补画）

表 1-10　项目的过程评价表

评价内容	任务完成情况	规范操作	参与程度	8S 管理执行情况
自评分				
互评分				
教师评价				
收获与体会				

阅读材料

常用低压电器基本知识

我们将要学习很多的低压电器，下面就电器的分类和作用介绍如下：

一、电器的分类

电器的用途广泛、功能多样、种类繁多、结构各异。下面是几种常用的电器分类。

1. 按工作电压等级分类

（1）高压电器　用于交流50Hz（或60Hz）、额定电压为1000V以上，直流额定电压为1500V以上电路中的电器，如高压断路器、高压隔离开关、高压熔断器等。

（2）低压电器　用于交流50Hz（或60Hz）、额定电压为1000V及以下，直流额定电压为1500V及以下的电路中起通断、保护、控制或调节作用的电器，如接触器、继电器等。

2. 按动作原理分类

（1）手动电器　用手或依靠机械力进行操作的电器，如手动开关、按钮、行程开关等主令电器。

（2）自动电器　借助于电磁力或某个物理量的变化自动进行操作的电器，如接触器、各种类型的继电器、电磁阀等。

3. 按用途分类

（1）控制电器　用于各种控制电路和控制系统的电器，如接触器、继电器、电动机起动器等。

（2）主令电器　用于控制电路中发送动作指令的电器，如按钮、行程开关、万能转换开关等。

（3）保护电器　用于保护电路及用电设备的电器，如熔断器、热继电器、各种保护继电器、避雷器等。

（4）执行电器　指用于完成某种动作或传动功能的电器，如电磁铁、电磁离合器等。

（5）配电电器　主要用于配电回路，对电路及设备进行保护以及通断、转换电源或负载的电器。如高压断路器、隔离开关、刀开关、低压断路器等。

4. 按工作原理分类

（1）电磁式电器　依据电磁感应原理来工作，如接触器、各种类型的电磁式继电器等。

（2）非电量控制电器　依靠外力或某种非电物理量的变化而动作的电器，如负荷开关、行程开关、按钮、速度继电器、温度继电器等。

二、电器的作用

低压电器能够依据操作信号或外界现场信号的要求，自动或手动地改变电路的状态、参数，实现对电路或被控对象的控制、保护、测量、调节指示和转换。

（1）控制作用　如电梯的上下移动、快慢速自动切换与自动停层等。

（2）保护作用　能根据设备的特点对设备、环境以及人身实现自动保护，如电动机的过热保护，电网的短路保护、漏电保护等。

（3）测量作用　利用仪表及与之相适应的电器对设备、电网或其他非电参数进行测量，如电流、电压、功率、转速、温度、湿度等。

（4）调节作用　低压电器可对一些电量和非电量进行调整，以满足用户的要求，如柴油机油门的调整、花房温湿度的调节、照度的自动调节等。

（5）指示作用　利用低压电器的控制、保护等功能，检测出设备运行状况与电路工作情况，如绝缘监测、保护标牌指示等。

（6）转换作用　在用电设备之间转换或对低压电器、控制电路分时投入运行，以实现功能切换，如励磁装置手动与自动的转换，供电系统的市电与自备电的切换等。

应知应会要点归纳

1）根据电流性质的不同，电动机分为直流电动机和交流电动机两大类。根据转子形状的不同，三相异步电动机分为笼型异步电动机和绕线转子异步电动机。

2）三相笼型异步电动机由定子和转子两大部分组成，定子由机座、定子铁心、定子绕组、前端盖、后端盖等组成，转子由转轴、转子铁心、转子绕组、轴承等组成。

3）三相笼型异步电动机三相定子绕组有星形（Y）联结和三角形（△）联结两种连接方法。

4）熔断器在电路中起短路保护作用，使用时串联在被保护的电路中。

5）安装熔断器时，各级熔体应相互配合，要求上一级熔体额定电流大于下一级熔体的额定电流。

6）常用的低压断路器有塑壳式（装置式）和框架式（万能式）两类。

7）电气控制系统图一般包括电气原理图、电器布置图和电气接线图等。

8）电气原理图一般由主电路、控制电路、辅助电路、保护及联锁环节以及特殊控制电路等部分组成。

9）电器布置图是根据电器元件在控制板上的实际安装位置，采用简化的外形符号（如正方形、矩形、圆形等）而绘制的一种简图。

10）电气接线图是根据电气设备和电器元件的实际位置和安装情况绘制的。

11）按钮是一种短时接通或分断小电流电路的电器，按钮的触头允许通过的电流较小，一般不超过5A。

12）按主触头通过电流的种类，接触器分为交流接触器和直流接触器两类。

13）交流接触器由电磁系统、触头系统、灭弧装置及辅助部件构成。

14）交流接触器一般应安装在垂直平面上，倾斜度不超过5°。

15）热继电器是利用电流的热效应对电动机或其他用电设备进行过载保护的控制电器。在电路中只能作过载保护，不能作短路保护。

16）按动作原理分类，电器分为手动电器和自动电器；按用途分类，电器分为控制电器、主令电器、保护电器、执行电器和配电电器。

17）电气控制电路故障检修方法有调查研究法、试验法、逻辑分析法和测量法等。

应知应会自测题

一、单项选择题

1. 熔断器在电路中主要起（　　）作用。

A. 短路保护　　　　B. 过载保护　　　　C. 失电压保护　　　　D. 欠电压保护

2. 低压断路器中的过电流脱扣器的作用是（　　）。

A. 短路保护　　　　　　　　　　B. 过载保护

C. 漏电保护　　　　　　　　　　D. 失电压保护

3. 熔断器的额定电流应（　　）所装熔体的额定电流。

A. 大于　　　　　　　　B. 大于或等于　　　　C. 小于　　　　　　　　D. 不大于

4. 在控制板上安装组合开关、熔断器时，受电端子应装在控制板的（　　）。

A. 内侧　　　　　　　　　　　　　　B. 外侧

C. 内侧或外侧　　　　　　　　　　　D. 无要求

5. 在三相交流异步电动机的定子上布置有（　　）的三相绕组。

A. 结构相同，空间位置互差90°电角度　　B. 结构相同，空间位置互差120°电角度

C. 结构不同，空间位置互差180°电角度　　D. 结构不同，空间位置互差120°电角度

6. 按下复合按钮时，（　　）。

A. 常开触头先闭合　　　　　　　　　B. 常闭触头先断开

C. 常开、常闭触头同时动作　　　　　D. 分不清

7. 停止按钮应优先选用（　　）。

A. 红色　　　　　　　B. 白色　　　　　　　C. 黑色　　　　　　　　D. 绿色

8. 交流接触器的铁心端面安装短路环的目的是（　　）。

A. 减少铁心振动　　　　　　　　　　B. 增大铁心磁通

C. 减缓铁心冲击　　　　　　　　　　D. 减少铁磁损耗

9. 灭弧装置的作用是（　　）。

A. 引出电弧　　　　　　　　　　　　B. 熄灭电弧

C. 使电弧分段　　　　　　　　　　　D. 使电弧产生磁力

10. 按钮是一种用来接通和分断小电流电路的（　　）控制电器。

A. 电动　　　　　　　B. 自动　　　　　　　C. 手动　　　　　　　　D. 高压

11. 交流接触器操作频率过高，会导致（　　）过热。

A. 线圈　　　　　　　B. 铁心　　　　　　　C. 触头　　　　　　　　D. 短路环

12. 关于接触器，下列说法中不正确的是（　　）。

A. 在静铁心的端面上嵌有短路环　　　B. 加一个触头弹簧

C. 触头接触面保持清洁　　　　　　　D. 在触头上嵌一块纯银块

13. 交流接触器的反作用弹簧的作用是（　　）。

A. 缓冲　　　　　　　　　　　　　　B. 使铁心和衔铁吸合得更紧

C. 使衔铁、动触头复位　　　　　　　D. 都不对

14. 能够充分表达电气设备和电器的用途以及电路工作原理的是（　　）。

A. 接线图　　　　　　　　　　　　　B. 电气原理图

C. 布置图　　　　　　　　　　　　　D. 安装图

15. 同一电器的各元器件在电气原理图和接线图中标注的文字符号要（　　）。

A. 基本相同　　　　B. 基本不同　　　　C. 完全相同　　　　D. 没有要求

16. 接触器的自锁触头是一对（　　）。

A. 常开辅助触头　　　B. 常闭辅助触头　　　C. 主触头　　　　　　D. 常闭触头

17. 在具有过载保护的接触器自锁控制电路中，实现过载保护的电器是（　　）。

A. 熔断器　　　　　　B. 热继电器　　　　　C. 接触器　　　　　　D. 电源开关

18. 在具有过载保护的接触器自锁控制电路中，实现欠电压和失电压保护的电器是（　　）。

A. 熔断器   B. 热继电器

C. 接触器   D. 电源开关

19. 将能在两地或多地控制同一台电动机的控制方式称为电动机的（　　　）。

A. 顺序控制   B. 一地控制

C. 两地控制   D. 多地控制

20. 采用多地控制时，多地控制的起动按钮应（　　　），停止按钮应（　　　）。

A. 串联   B. 并联

C. 混联   D. 既有串联又有并联

二、**判断题**（正确的打"√"，错误的打"×"）

1. 手动电器是指需要人工直接操作才能完成指令任务的电器。（　　）

2. 自动电器是指按照电或非电的信号自动地或人工操作来完成指令任务的电器。（　　）

3. 常用的低压断路器有塑壳式和框架式两类。（　　）

4. 一个额定电流等级的熔断器只能配一个额定电流等级的熔体。（　　）

5. 在装接 RT18 系列熔断器时，电源线应安装在上接线座，负载线应接在下接线座。（　　）

6. 按钮帽做成不同的颜色是为了标明各个按钮的作用。（　　）

7. 接触器自锁触头的作用是保证松开起动按钮后，接触器线圈仍能继续通电。（　　）

8. 接触器自锁控制电路具有欠电压、失电压保护作用。（　　）

9. 热继电器既可用作过载保护，又可用作短路保护。（　　）

三、**综合题**

1. 画出下列电器及设备的图形符号并标出文字符号。

（1）按钮　（2）低压断路器　（3）交流接触器　（4）熔断器　（5）三相异步电动机

2. 图 1-35 所示控制电路能否正常工作？指出存在的问题，然后加以改正。

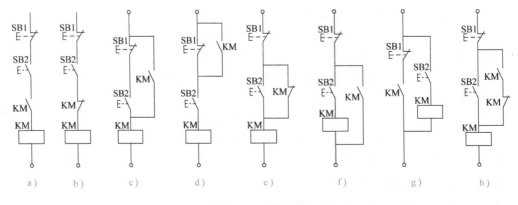

a)　　　　b)　　　　c)　　　　d)　　　　e)　　　　f)　　　　g)　　　　h)

图 1-35　题2图

3. 既然在电动机的主电路中装有熔断器，为什么还要装热继电器？装有热继电器是否就可以不装熔断器？

画面提示

　　图1-36为三相电源配电箱，共有5只低压断路器，最左端一只为总电源开关。

　　左侧直接与金属底板相连的金属端子为地排。地线汇流排，标志为 ⏚。

　　右侧通过绝缘子固定在底板上的金属端子为中性线汇流排，标志为 N。

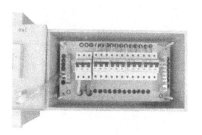

图1-36　三相电源配电箱

　　▷爱岗是指热爱自己的工作岗位，热爱本职工作；敬业是指用一种严肃的态度对待自己的工作，勤勤恳恳、兢兢业业、忠于职守、尽职尽责。爱岗敬业是电工作业人员职业道德的基本要求。

　　▷努力学习知识、练就技能、爱岗敬业、以科技报效祖国。

电动机正反转控制电路安装与检修

项目分析

任务一　倒顺开关正反转控制电路识读
任务二　双重联锁正反转控制电路安装与检修
任务三　工作台自动往返控制电路安装

职业岗位应知应会目标

知识目标：
➤ 理解自锁和互锁的应用。
➤ 掌握行程开关的符号、结构、原理及作用。
➤ 掌握线槽布线的工艺要求。

技能目标：
➤ 能按照原理图、接线图安装接线。
➤ 能自检电路。
➤ 能根据故障现象检修电动机正反转控制电路。

职业素养目标：
➤ 规范操作、敬重专业、劳动纪律。
➤ 节约意识、环保意识、安全意识。
➤ 爱岗敬业、劳动精神、工匠精神。

项目职业背景

　　单向运转控制电路只能使电动机朝一个方向旋转，但许多机械设备往往要求运动部件能向正反两个方向运动。如自动伸缩门的开门和关门、机床工作台的前进与后退、主轴的正转与反转、起重机的上升与下降等，这些机械设备要求电动机能实现正反转控制。
　　当改变通入三相异步电动机定子绕组的三相电源相序，即将接入电动机三相电源进线中的任意两相对调接线时，就可使三相异步电动机实现反转。

正反转电路
应用案例

小车自动往返
示意图动画视频

任务一　倒顺开关正反转控制电路识读

倒顺开关正反转控制电路一般用于对额定电流在 10A、功率在 4.5kW 以下的较小容量电动机的控制。

一、倒顺开关的识别

倒顺开关也称为可逆转换开关，常见的产品有 HZ2－132 型和 QX1－13N1/4.5 型，它属于组合开关类型，但与一般的组合开关不同。倒顺开关的外形、结构及控制电路如图 2-1 所示，开关有"倒""顺""停"三个位置。应该注意的是，倒顺开关的手柄只能从"停"位置左转 45°或右转 45°。

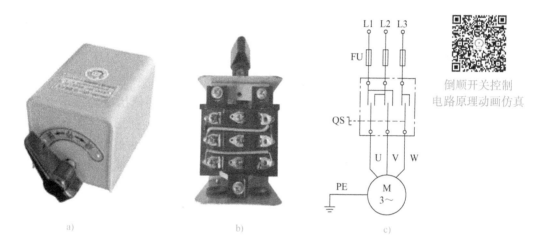

倒顺开关控制
电路原理动画仿真

图 2-1　倒顺开关外形、结构及控制电路
a）HZ2－132 型倒顺开关外形　b）结构　c）控制电路

二、倒顺开关正反转控制电路原理图

倒顺开关正反转控制电路如图 2-1c 所示。操作倒顺开关 QS，电路状态见表 2-1。

表 2-1　倒顺开关正反转控制电路状态表

手柄位置	QS 状态	电路状态	电动机状态
停	QS 的动、静触头不接触	电路不通	电动机不转
顺	QS 的动触头和左边的静触头相接	电路按 L1—U,L2—V,L3—W 接通	电动机正转
倒	QS 的动触头和右边的静触头相接	电路按 L1—V,L2—U,L3—W 接通	电动机反转

当电动机处于正转状态时，要使它反转，应先把手柄扳到"停"的位置，使电动机先停转，然后再把手柄扳到"倒"的位置，使电动机反转。若直接把手柄由"顺"扳到"倒"的位置，电动机的定子绕组会因为电源突然反接而产生很大的反接电流，容易因过热而损坏。

特别提示

1）电动机及倒顺开关的外壳必须可靠接地，必须将接地线接到倒顺开关的接地螺钉上，切忌接在开关的罩壳上。

2）倒顺开关的进出线切忌接错。接线时，应看清开关线端标记，并将L1、L2、L3接电源，U、V、W接电动机。

3）倒顺开关的操作顺序要正确。

任务二 双重联锁正反转控制电路安装与检修

常用的正反转电路有倒顺开关正反转控制电路、接触器联锁正反转控制电路、按钮联锁正反转控制电路和按钮-接触器双重联锁正反转控制电路，其中最安全、最可靠的是按钮-接触器双重联锁正反转控制电路。

一、认识正反转控制电路原理

接触器联锁的正反转控制电路如图2-2所示，电路用到的低压电器元件有低压断路器、熔断器、按钮、交流接触器、热继电器。其中，QF为电源总开关，熔断器FU1为主电路短路保护，熔断器FU2为控制电路短路保护，热继电器FR为过载保护，接触器KM1控制电动机M正转时电源的通断，接触器KM2控制电动机M反转时电源的通断，SB1为电动机M的正转起动按钮，SB2为电动机M的反转起动按钮，SB3为电动机M的停车按钮。

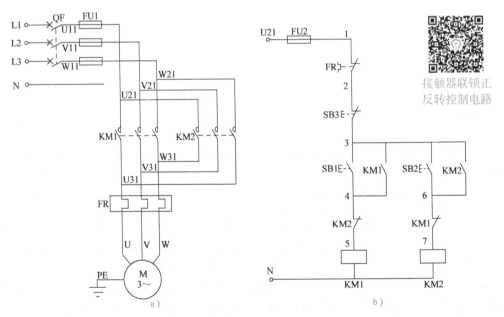

接触器联锁正反转控制电路

图2-2 接触器联锁正反转控制电路
a）主电路 b）控制电路

当KM1的三对主触头接通时，三相电源按L1—L2—L3的相序接入电动机；而当KM2

的三对主触头接通时，三相电源按 L3—L2—L1 的相序接入电动机。所以当两接触器分别工作时，电动机的旋转方向相反。这种控制电路不允许接触器 KM1 和 KM2 同时通电，否则它们的主触头同时闭合，将造成 L1、L3 两相电源短路事故。为此，在控制电路中分别串联了对方接触器的一对常闭辅助触头。这样，当一个接触器得电动作时，其常闭辅助触头断开，使另一个接触器线圈不能得电动作。接触器间这种相互制约的作用称为接触器联锁（或互锁）。实现联锁作用的常闭辅助触头称为联锁触头（或互锁触头）。接触器联锁正反转控制电路的动作原理如下：

先合上断路器 QF，正转控制时，

反转控制时，

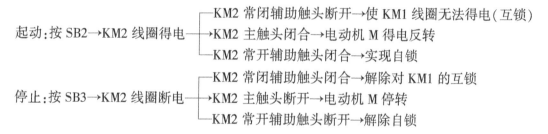

由此可见，通过 SB1、SB2 控制 KM1、KM2 动作，可以改变接入电动机的三相交流电的相序，从而改变了电动机的旋转方向。但在接触器联锁正反转控制电路中，如果电动机要从正转变为反转，必须先按下停止按钮后才能按反转起动按钮，否则由于接触器的联锁作用，将不能实现反转，显然操作不方便。而若采用图 2-3 所示按钮联锁正反转控制电路，利用复合按钮 SB1、SB2 就可实现直接由正转变成反转。

采用复合按钮可以起到联锁作用。这是由于按下 SB1 时，只有 KM1 得电动作，同时 KM2 电路被切断。同理，按下 SB2 时，只有 KM2 得电动作，KM1 电路被切断。但只用按钮进行联锁，是不可靠的。在实际中，由于负载短路或大电流的长期作用，接触器的主触头被强烈的电弧"烧焊"在一起，或者接触器的机构失灵，使衔铁卡在吸合状态，这些都可能使主触头断不开，这时如果另一个接触器动作，必然造成电源两相短路故障。

如果用接触器常闭触头进行联锁，无论什么原因，只要一个接触器处于吸合状态，它的联锁常闭触头必然将另一个接触器线圈电路切断，这样就避免了事故的发生。

将图 2-2 和图 2-3 的优点结合起来就是图 2-4 所示的按钮-接触器双重联锁正反转控制电路。该电路操作方便安全可靠，应用非常广泛。

电路工作原理如下：

合上断路器 QF，进行正转控制时，

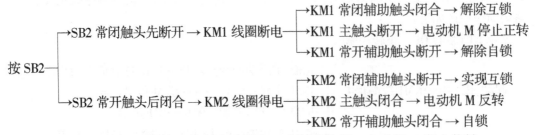

按 SB1
- →SB1 常闭触头先断开→对 KM2 线圈实现互锁
- →SB1 常开触头后闭合→KM1 线圈得电
  - →KM1 常闭辅助触头断开→对 KM2 线圈实现互锁
  - →KM1 主触头闭合→电动机 M 正转
  - →KM1 常开辅助触头闭合→自锁

由正转直接到反转时，

按 SB2
- →SB2 常闭触头先断开→KM1 线圈断电
  - →KM1 常闭辅助触头闭合→解除互锁
  - →KM1 主触头断开→电动机 M 停止正转
  - →KM1 常开辅助触头断开→解除自锁
- →SB2 常开触头后闭合→KM2 线圈得电
  - →KM2 常闭辅助触头断开→实现互锁
  - →KM2 主触头闭合→电动机 M 反转
  - →KM2 常开辅助触头闭合→自锁

若要停止，按下 SB3，整个控制电路断电，主触头分断，电动机 M 断电停转。

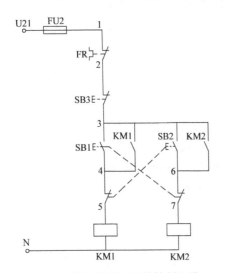

图 2-3　按钮联锁正反转控制电路

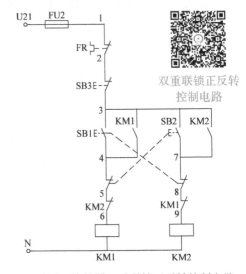

双重联锁正反转控制电路

图 2-4　按钮-接触器双重联锁正反转控制电路

二、器材准备

1. 电器元件明细表

按钮-接触器双重联锁正反转控制电路安装所用工具、设备见表 1-2，所用电器元件见表 2-2。

表 2-2　双重联锁正反转控制电路元器件清单

序号	名　称	型号与规格	数　量
1	三相异步电动机	Y112M—4,4kW,380V,8.8A,1440r/min	1 台
2	熔断器	RT18—32,500V,配 20A 和 4A 熔体	4 个
3	低压断路器	DZ47—32/3P,D20 380V	1 只
4	交流接触器	CJX1—1222,线圈电压 220V	2 个
5	热继电器	JRS1—09—25/Z(LR2—D13),整定电流 9.6A,配底座	1 只
6	按钮	LAY7 或 NP4—11BN,22mm,2 绿 1 红	3 只

（续）

序号	名　称	型号与规格	数　量
7	端子板	TB1510,600V	2 条
8	导轨	35mm × 200mm	若干
9	木螺钉	$\phi 3mm × 20mm;\phi 3mm × 15mm$	若干
10	塑料硬铜线	BV1.5mm²（颜色自定）	若干
11	塑料软铜线	BVR1.0mm²（颜色自定）	若干
12	接地保护线（PE）	BVR1.5mm²，绿-黄双色	若干
13	编码套管	自定	若干
14	扎带	150mm	若干

2. 检测元器件

按表 2-2 配齐所用电器元件，并进行质量检验。电器元件应完好无损，各项技术指标符合规定要求，否则应予以更换。

三、电路安装

1. 绘制布置图

根据双重联锁正反转控制电路图绘制的电器布置图，可参考图 2-5。

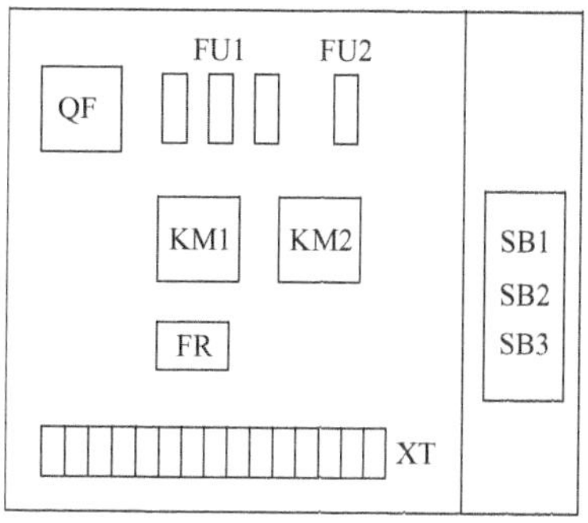

图 2-5　双重联锁正反转控制电路电器布置图

2. 绘制接线图

绘制双重联锁正反转控制电路接线图，可参考图 2-6。

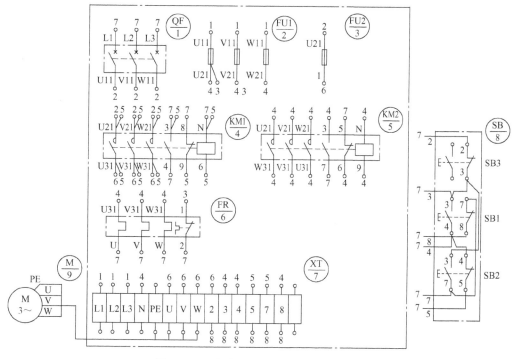

图 2-6　双重联锁正反转控制电路接线图

3. 安装、接线

安装电器元件的工艺要求和板前明线布线的工艺要求同项目一。

4. 自检电路

安装完毕的控制电路板必须按要求进行认真检查,确保无误后才允许通电试车。

(1) 检查导线连接的正确性 按照电路图、接线图从电源端开始逐段核对接线有无漏接、错接之处,检查导线接点是否符合要求,压接是否牢固,以免带负载运行时产生闪弧现象。

(2) 用万用表检查电路通断情况 在不通电的情况下,用手动操作来模拟触头分合动作,用万用表检查电路通断情况。控制电路和主电路要分别检查。

1) 控制电路检查。检查前先取下控制电路 FU2 的熔体,断开控制电路。检查控制电路时可参见表 2-3。

表 2-3 双重联锁正反转控制电路检测

项 目	1—N 电阻	说 明
断开控制电路	∞	1—N 不通,控制电路不得电
按下按钮 SB1	线圈直流电阻	1—N 接通,控制电路 KM1 线圈得电
按下接触器 KM1 可动部分	线圈直流电阻	1—N 接通,控制电路 KM1 能自锁
按下按钮 SB2	线圈直流电阻	1—N 接通,控制电路 KM2 线圈得电
按下接触器 KM2 可动部分	线圈直流电阻	1—N 接通,控制电路 KM2 能自锁
按下接触器 KM1,轻按 KM2 可动部分	线圈直流电阻→∞	KM1 有互锁
按下接触器 KM2,轻按 KM1 可动部分	线圈直流电阻→∞	KM2 有互锁
按下接触器 KM1 可动部分,并按下 SB3	∞	1—N 断开,正转时按 SB3,电动机停转
按下接触器 KM2 可动部分,并按下 SB3	∞	1—N 断开,反转时按 SB3,电动机停转

2) 主电路检查。

① 相间检查。合上低压断路器 QF,断开 FU2,用万用表分别测量 L1—L2、L2—L3、L3—L1 之间的电阻,应均为断路（$R→∞$）。若某次测量结果为短路（$R→0$）,这说明所测两相之间的接线有短路现象,应仔细检查,并排除故障。

② 每一相的检查可参见表 2-4。

表 2-4 双重联锁正反转主电路检测（未接入电动机）

项 目	L1—U	L2—V	L3—W	L1—W	L2—V	L3—U
任何元器件不动作	∞	∞	∞	∞	∞	∞
按下接触器 KM1 的可动部分	0	0	0	∞	∞	∞
按下接触器 KM2 的可动部分	∞	∞	∞	0	0	0

5. 安装电动机

安装电动机要做到牢固平稳,以防止在换向时电动机发生滚动而引起事故;连接电动机和按钮金属外壳的保护接地线；采用绝缘良好的橡胶皮导线连接电动机、电源等控制板外部的导线。电动机连接好后，也要用万用表进行检测，可参见表2-5。

表2-5　双重联锁正反转主电路检测（接入电动机）

项　　目	L1—L2 电阻	L2—L3 电阻	L3—L1 电阻
按下接触器 KM1 的可动部分	R	R	R
按下接触器 KM2 的可动部分	R	R	R

注：R 值大小与电动机的绕组联结方式有关，若为丫联结，R 为 2 倍线圈直流电阻；若为△联结，R 为 2/3 倍线圈直流电阻。

6. 通电试车

通过上述各项检查，确认电路完全合格后，清点工具材料，清除安装板上的线头杂物，检查三相电源，将热继电器按照电动机的额定电流整定好，在一人操作一人监护下通电试车。

 职业安全提示

电路安装注意事项

1）连接好电源。

2）提醒同组人员注意。

3）通电试车，如出现故障，则立即按下急停按钮，重新检测，排除故障。

4）通电试车后，断开电源，先拆除三相电源线，再拆除电动机负载线。配电板上电路不拆，留待故障检修训练使用。

四、双重联锁正反转控制电路检修

1. 故障设置

在主电路和控制电路中人为设置电气故障各 1 处。

2. 教师示范检修

教师进行示范检修时，可把下述检修步骤及要求贯穿其中，直至故障排除。

1）用试验法观察故障现象。主要注意观察电动机的运行情况、接触器的动作和电路的工作情况等，如发现异常情况，应马上断电检查。

2）用逻辑分析法缩小故障范围，并在电路图上用虚线标出故障部位的最小范围。

3）用测量法正确、迅速地找出故障点。

4）根据故障点情况的不同，采取正确的修复方法，迅速排除故障。

5）排除故障后通电试车。

3. 学生检修

教师示范检修后，再由教师重新设置两处故障点，让学生进行检修。在学生检修的过程中，教师可进行启发性的示范指导。

职业安全指示

电路检修注意事项

1) 要遵守安全操作规程, 不得随意触动带电部位, 要尽可能在切断电源的情况下进行检测。

2) 用电阻测量方法检查故障时, 一定要先切断电源。

3) 用测量法检查故障点时, 一定要保证测量工具和仪表完好, 使用方法正确。

五、清理现场

实训结束后清理现场, 收好工具、仪表, 整理实训台, 做好维修记录。

任务三　工作台自动往返控制电路安装

行程开关知识点

一、行程开关的识别与检测

行程开关又称为限位开关, 用于控制机械设备的行程及限位保护。在实际生产中, 将行程开关安装在预先安排的位置, 当装于生产机械运动部件上的撞块压下行程开关时, 行程开关的触头动作, 实现电路功能的切换。因此, 行程开关是一种根据运动部件的行程位置而切换电路的电器元件, 它的作用原理与按钮类似。行程开关广泛用于各类机床和起重机械, 用来控制其行程, 进行终端限位保护。在电梯控制电路中还利用行程开关来实现自动开关门, 轿厢的上、下限位保护等。

行程开关的种类很多, 按其结构可分为直动式、滚轮式、微动式和组合式; 按触头的性质分可为有触头式和无触头式。

1. 外形、结构及符号

各种行程开关的基本结构大体相同, 都是由触头系统、操作机构和外壳组成。图2-7所示为常见的几种行程开关外形, 图2-8所示为直动式行程开关的结构及符号。

a)　　　　　　　　　b)　　　　　　　　c)

图2-7　常见的几种行程开关外形

a) LX19 系列　b) LX5 系列　c) LXW8 系列微动开关

2. 检测

行程开关的常开、常闭触头检测方法与按钮的常开、常闭触头检测方法相同。直动式行程开关触头检测如图2-9所示, 观察触头通断情况。

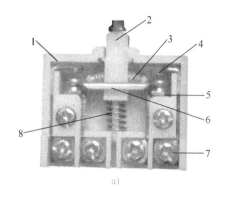

行程开关结构
原理动画视频

a)　　　　　　　　　　　　　　　　b)

图 2-8　直动式行程开关的结构及符号

a）结构　b）符号

1—外壳　2—推杆　3—弹簧　4—常开触头　5—常闭触头

6—桥式动触头　7—接线桩　8—反力弹簧

a)　　　　　　　　　　　　　b)

图 2-9　直动式行程开关触头检测

a）推杆未按下　b）推杆按下

1）万用表选择电阻测量 ×1 或者 ×10 挡，并进行欧姆调零。

2）查找未按下推杆时阻值为∞，而按下推杆时阻值为 0 的一对为常开触头；相反，查找不按推杆时阻值为 0，而按下推杆时阻值为∞的一对为常闭触头。

3. 选择

行程开关主要根据动作要求、安装位置及触头数量来选择。

二、识读电气系统图

机械设备中如磨床和铣床的工作台、高炉的加料设备等都需要在一定距离内能自动往返，以使工件能连续加工。

1. 电气原理图

用行程开关进行自动往返控制，是在按钮-接触器双重联锁控制电路的基础上增加 4 个行程开关，如图 2-10 所示。其中，SQ1、SQ2 使用常开、常闭触头，用来发出到位返回信号；SQ3、SQ4 使用常闭触头，安装在运动部件两个方向的极限位置上，进行限位保护，只有在 SQ1、SQ2 失去作用造成电路失控时才起限位保护作用。

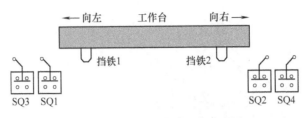

图 2-10　自动往返电路工作示意图

工作台自动往返控制电路如图 2-11 所示，其动作原理如下：

工作台自动
往返电路仿真

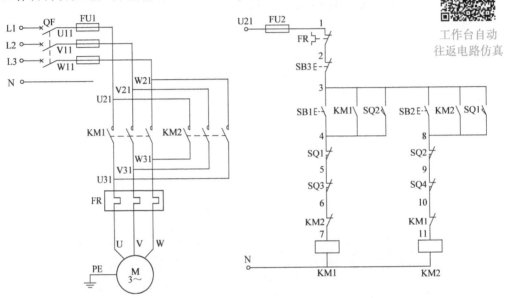

图 2-11　工作台自动往返控制电路

合上低压断路器 QF，接通三相电源，

　　　　　　　　　　　　　　　→KM1 常开辅助触头闭合→实现自锁

按下 SB1 —⑤→ KM1 线圈通电 ——→KM1 主触头闭合→电动机 M 正转——→工作台左移→①

　　　　　　　　　　　　　　　→KM1 常闭辅助触头断开→实现互锁

①——至限定位置挡铁 1 压下 SQ1——→②

　　　　　　　　　　　　　　　　　　　　　　　　→KM1 常开辅助触头复位→解除自锁

②——→SQ1 常闭触头分断→KM1 线圈断电——→KM1 主触头断开→电动机 M 断电

　　　　　　　　　　　　　　　　　　　　　　　　→KM1 常闭辅助触头复位→解除互锁

　　　　　　　　　　　　　　　　　　　　　　　　→KM2 常开辅助触头闭合→实现自锁

　　└→SQ1 常开触头闭合→KM2 线圈得电——→KM2 主触头闭合→电动机 M 反转→③

　　　　　　　　　　　　　　　　　　　　　　　　→KM2 常闭辅助触头断开→实现互锁

③→工作台右移——至限定位置挡铁 2 压下 SQ2——→④

④ →SQ2 常闭触头分断→KM2 线圈断电 →KM2 常开辅助触头复位→解除自锁
　　　　　　　　　　　　　　　　　　→KM2 主触头断开→电动机 M 断电停转
　　　　　　　　　　　　　　　　　　→KM2 常闭辅助触头复位→解除互锁
　　→SQ2 常开触头闭合→⑤

按下停止按钮 SB3，控制电路断电，接触器主触头释放，电动机 M 断电停转。

2. 电器布置图

工作台自动往返控制电路的电器布置图如图 2-12 所示。

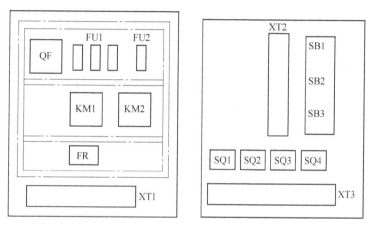

图 2-12　工作台自动往返控制电路的电器布置图

3. 电气接线图

补全图 2-13 所示工作台自动往返控制电路的电气接线图。

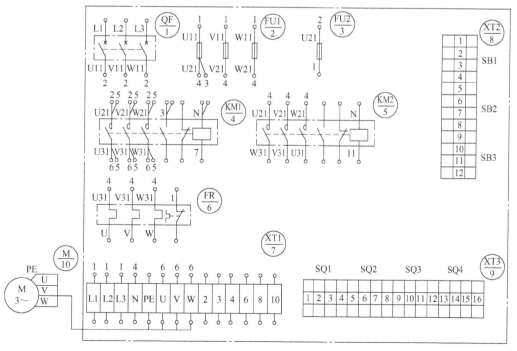

图 2-13　工作台自动往返控制电路的电气接线图

三、材料准备

1. 准备工具器材

所用元器件比任务二多 4 个行程开关，故此处元器件清单不再列出。

2. 检查电器元件

1）检查所用的电器元件的外观，应完整无损，附件、备件齐全。

2）在不通电情况下用万用表检查各元器件触头分、合情况。

3）用手同时按下接触器的可动部分，注意要用力均匀，检验操作机构是否灵活、有无衔铁卡阻现象。

4）检查接触器线圈额定电压与电源是否相符。

四、控制电路的安装

1. 安装元器件

在控制板上安装走线槽，安装线槽时，应做到横平竖直、排列整齐匀称、安装牢固和便于走线等，并按图 2-12 安装电器元件，电器元件安装后贴上醒目的文字符号。

2. 布线

按图 2-13 进行板前线槽配线，并在导线端部加装冷压端子和套编码套管。板前线槽配线的具体工艺要求如下：

 职业标准链接

板前线槽布线工艺要求

1）布线时，严禁损伤线芯和导线绝缘层。

2）各电器元件接线端子引出导线的走向以元器件的水平中心线为界线，在水平中心线以上接线端子引出的导线必须进入元器件上面的走线槽；在水平中心线以下接线端子引出的导线必须进入元器件下面的走线槽。任何导线都不允许从水平方向进入走线槽内。

3）各电器元件接线端子上引出或引入的导线，除间距很小和元器件机械强度很差允许直接架空敷设外，其他导线必须经过走线槽进行连接。

4）进入走线槽内的导线要完全置于走线槽内，并应尽可能避免交叉，装线不要超过其容量的 70%，以便能盖上线槽盖，方便以后的装配及维修。

5）各电器元件与走线槽之间的外露导线应走线合理，并尽可能做到横平竖直，变换走向要垂直。同一个元器件上位置一致的端子和同型号电器元件中位置一致的端子上引出或引入的导线要敷设在同一平面上，并应做到高低一致或前后一致，不得交叉。

6）所有接线端子、导线线头上都应套有与电路图上相应接点线号一致的编码套管，并按线号进行连接，连接必须牢靠，不得松动。

7）在任何情况下，接线端子必须与导线截面积和材料性质相适应。当接线端子不适合连接软线或较小截面积的软线时，可以在导线端头穿上针形或叉形冷压端子并压紧。

8）一般一个接线端子只能连接一根导线，如果采用专门设计的端子，可以连接两根或多根导线，但导线的连接方式必须是公认的、在工艺上成熟的各种方式，如夹紧、压接、焊接、绕接等，应严格按照连接工艺的工序要求进行。

3. 检查接线的正确性

根据电路图检验控制板内部布线的正确性。

4. 安装电动机

可靠连接电动机和各电器元件金属外壳的保护接地线。连接电动机、电源等控制板外部的导线。

5. 自检电路、通电试车

按电路图或接线图从电源端开始逐段核对接线有无漏接、错接之处，检查导线接点是否符合要求，压接是否牢固，以免带负载运行时产生电弧现象。用万用表电阻挡检查控制电路和主电路通断情况。

电路的检测和通电试车的步骤可参考本项目的任务二，写出主电路和控制电路的检测步骤。

特别提示

1）行程开关可以先安装好，行程开关必须牢固安装在合适的位置上。

2）通电校验时，先手动控制行程开关，以试验各行程控制和终端保护动作是否正常可靠。若在电动机正转（工作台向左运动）时压下行程开关 SQ1，电动机不反转，且继续正转，则可能是由于 KM1 的主触头接线不正确引起的，须断电进行纠正后再试，以防止发生设备事故。

3）安装训练应在规定时间内完成，同时要做到安全操作和文明生产。

五、清理现场

实训结束后清理现场，收好工具、仪表，整理实训台，做好维修记录。

六、项目评价

将本项目的评价与收获填入表 2-6 中。其中规范操作方面可对照附录 B 控制电路安装与调试评分标准进行评分。

表 2-6 项目的过程评价表

评价内容	任务完成情况	规范操作	参与程度	8S 执行情况
自评分				
互评分				
教师评价				
收获与体会				

阅读材料

无触头开关

一、接近开关

接近开关是一种非接触式的位置开关，又称为无触头开关。当检测体接近开关的感应区域时，开关能无接触、无压力、无火花、迅速发出电气命令，准确反映出运动机构的位置和行程。在使用寿命、定位精度、操作频率、安装调整的方便性和对恶劣环境的适应能力等方面比一般机械式行程开关好得多。除了用于限位保护和行程控制外，还可用于检测物体的存在、高速计数、测速、液位控制、定位、变换运动方向、检测零件尺寸及用作无触头按钮等。

1. 分类、外形和符号

按工作原理不同，接近开关分为电感式、电容式、光电式、超声波式和霍尔元件式等；按电源种类不同，接近开关分为交流和直流两大类，而交流又分为两线制、三线制，直流又分为两线制、三线制、四线制和模拟量输出型；按晶体管输出型不同，有 NPN 型和 PNP 型两种；按接近开关外形不同，有方形、圆形、槽型和分离型等多种。

选择接近开关时应注意：

1）电感式接近开关　用以检测各种金属体，其中高频振荡型最为常用。

2）电容式接近开关　用以检测各种导体或绝缘的液体或粉状物。当检测体为非金属材料时，应选用电容式接近开关。

3）光电式接近开关　用以检测所有不透光的物质。

4）超声波式接近开关　用以检测不能透过超声波的物质。

5）霍尔元件式接近开关　检测对象必须是磁性物体。

接近开关外形与符号如图 2-14 所示。

a)　　　　　　　　　　　　　　　　b)

图 2-14　接近开关的外形和符号

a）外形　b）符号

2. 工作原理

电感式接近开关的感应头是一个具有铁氧体磁心的电感线圈，只能用于检测金属体。电感式接近开关组成框图如图 2-15 所示。振荡器在感应头表面产生一个交变磁场，当金属块接近感应头时，金属中产生的涡流吸收了振荡的能量，使振荡减弱以至停振，因而产生振荡和停振两种信号，经整形放大器转换成二进制的开关信号，从而起到"开""关"的控制作用。

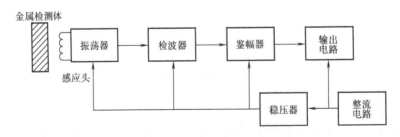

图 2-15　电感式接近开关组成框图

电容式接近开关的感应头是一个圆形平板电极，与振荡电路的地线形成一个分布电容，当有导体或其他介质接近感应头时，电容量增大而使振荡器停振，经整形放大器输出电信号。电容式接近开关既能检测金属，又能检测非金属及液体。

接近开关以其体积小、寿命长、工作可靠、定位精度高、操作频率高并且能适应恶劣工作环境等特点而得到广泛应用。

3. 接线

一般元器件表面上有图示，接线时要按照元器件上的图示进行。图 2-16 是电感式接近开关接线图。

两线制接近开关的接线比较简单，将其与负载串联后接到电源即可。两线制接近开关受工作条件的限制，导通时开关本身会产生一定电压降，截止时又会有一定的剩余电流流过，而三线制接近开关多一根线，不受剩余电流之类不利因素的困扰，工作更为可靠。

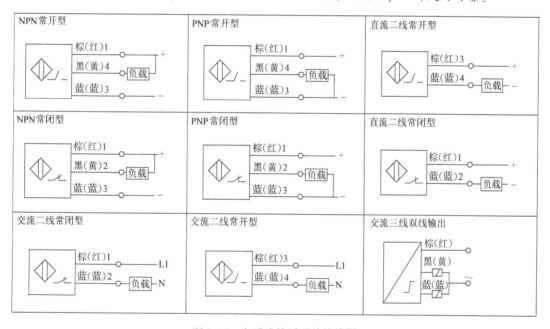

图 2-16　电感式接近开关接线图

4. 选择

选择接近开关时，主要考虑以下几个参数：

1）工作频率、可靠性及精度。

2）检测距离、安装尺寸。

3）触点形式（有触点、无触点）、触点数量及输出形式（NPN 型、PNP 型）。

4）电源类型（直流、交流）、电压等级。

二、干簧继电器

干簧继电器由线圈和舌簧管组成。当线圈通电后，产生的磁场使导磁材料做成的舌簧管内的舌簧片磁化，在磁力的作用下两个舌簧片相碰，触点接通；线圈断电后，舌簧片本身的弹性又使触点断开，电路切断。干簧继电器原理示意图如图 2-17 所示。由于舌簧片触点面积较小，因此触点允许通过的电流较小。

干簧继电器具有灵敏度高、动作速度快、结构简单、体积小、成本低等优点，再加上其触头密闭在保护气体（通常充以干燥氮气）之中，因而寿命很长，故在各种自动控制系统及仪表中广泛应用。

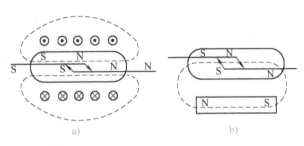

三、固态继电器

图 2-17　干簧继电器原理示意图

固态继电器（Solid State Reltys, SSR）是一种由固态电子元器件组成的新型无触头开关器件，它利用电子元器件（如开关晶体管、双向晶闸管等半导体器件）的开关特性，可达到无触头、无火花地接通和断开电路的目的。SSR没有任何可动的机械零件，工作中也没有任何机械动作，具有反应快、可靠度高、寿命长（SSR的开关次数可达 $10^8 \sim 10^9$ 次）、无动作噪声、耐振、耐机械冲击、良好的防潮、防霉、防腐特性。因而在军事、化工、各种工业民用电控设备及计算机控制方面得到日益广泛的应用。固态继电器外形如图 2-18 所示。

固态继电器由三部分组成：输入电路、隔离（耦合）电路和输出电路。按输入电压类别的不同，输入电路可分为直流、交流和交直流三种。有些输入电路还具有与 TTL/CMOS 兼容、正负逻辑控制和反相等功能。固态继电器的输入、输出电路间的耦合方式有光电耦合和变压器耦合两种。固态继电器的输出电路也可分为直流、交流和交直流三种。交流输出时，通常使用两个晶闸管或一个双向晶闸管，直流输出时使用双极性器件或功率场效应晶体管。

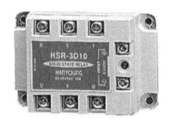

图 2-18　固态继电器外形
a）单相交流　b）三相交流

应知应会要点归纳

1）当改变通入三相异步电动机定子绕组的三相电源相序，即将接入电动机三相电源进线中的任意两相对调接线，就可使三相异步电动机实现反转。

2）倒顺开关的手柄只能从"停"位置左转45°或右转45°。倒顺开关的外壳必须可靠接地。

3）在接触器联锁正反转控制电路中，电动机要从正转变为反转，必须先按下停止按钮后才能按反转起动按钮。

4）在按钮联锁正反转控制电路中，正反转可以直接切换，但不可靠，若触头熔焊，会造成电源两相短路故障。

5）在按钮-接触器双重联锁正反转控制电路中，正反转可以直接切换，操作方便且安全可靠。

6）行程开关的种类很多，按其结构可分为直动式、滚轮式、微动式和组合式；按触头的性质分可为有触头式和无触头式。

应知应会自测题

一、单项选择题

1. 改变通入三相异步电动机的电源相序就可以使电动机（ ）。
A. 停速　　　B. 减速　　　C. 反转　　　D. 减压起动

2. 三相异步电动机的正反转控制关键是改变（ ）。
A. 电源电压　　B. 电源相序　　C. 电源电流　　D. 负载大小

3. 关于正反转控制电路，在实际工作中最常用、最可靠的是（ ）。
A. 倒顺开关　　B. 接触器联锁　　C. 按钮联锁　　D. 按钮-接触器双重联锁

4. 要使三相异步电动机反转，只要（ ）就能完成。
A. 降低电压　　　　　　　B. 降低电流
C. 将任意两根电源线对调　　D. 降低电路功率

5. 在接触器联锁的正反转控制电路中，其联锁触头应是对方接触器的（ ）。
A. 主触头　　B. 常开辅助触头　　C. 常闭辅助触头　　D. 常开触头

6. 在操作按钮联锁或按钮-接触器双重联锁的正反转控制电路时，要使电动机从正转变为反转，正确的操作方法是（ ）。
A. 直接按下反转起动按钮
B. 可直接按下正转起动按钮
C. 必须先按下停止按钮，再按下反转起动按钮
D. 必须先按下停止按钮，再按下正转起动按钮

7. 行程开关是一种将（ ）转换为电信号的手动控制电器。
A. 机械信号　　B. 弱电信号　　C. 光信号　　D. 热能信号

8. 自动往返控制电路属于（ ）电路。
A. 正反转控制　　B. 点动控制　　C. 自锁控制　　D. 顺序控制

9. 在如图2-11所示电路中，行程开关（ ）被用作终端保护，防止工作台越过限定位置而造成事故；（ ）被用来自动换接正反转控制电路，实现工作台自动往返行程控制。
A. SQ1、SQ2　　B. SQ1、SQ3　　C. SQ2、SQ3　　D. SQ3、SQ4

10. 在工作台自动往返控制电路中，起限位保护作用的电器元件是（ ）。
A. 行程开关　　B. 接触器　　C. 按钮　　D. 组合开关

二、判断题（正确的打"√"，错误的打"×"）

1. 在接触器联锁的正反转控制电路中，正反转接触器有时可以同时闭合。（ ）
2. 三相异步电动机正反转控制电路采用接触器联锁最可靠。（ ）
3. 按钮-接触器双重联锁正反转控制电路的优点是工作安全可靠，操作方便。（ ）
4. 行程开关是一种将电信号转换为机械信号，以控制运动部件的位置和行程的手动电器。（ ）

5. 接近开关除了用于限位保护和行程控制外，还可用于检测物体的存在、高速计数、测速、液位控制、定位、变换运动方向、检测零件尺寸以及用作无触头按钮等。（   ）

三、设计题

某单位大门采用自动伸缩门，如图2-19所示。

图 2-19　自动伸缩门

根据下列要求设计三相笼型异步电动机的控制电路。（1）能实现开门、关门、停止；（2）门开到位和关到位有限位保护（采用行程开关或接近开关）；（3）有短路、过载、失电压和欠电压等保护。

画 面 提 示

该图为四表位单元电表箱实物电路，采用板前明线布线。

由图2-20可见，电源线先进入有隔离作用的刀开关，然后再到总低压断路器，再到分户电表，由分户电表出来后进入各分户低压断路器。

刀开关除控制电源的通断外，主要为检修时提供一个明显断点，以保证操作安全。

四表位电表箱图片1　　四表位电表箱图片2

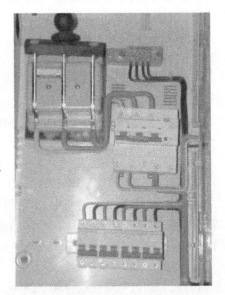

图 2-20　单元电表箱

电动机延时起动与顺序控制电路安装与检修

项目分析

任务一　电动机延时起动控制电路安装
任务二　电动机顺序控制电路安装
任务三　电动机顺序控制电路检修

职业岗位应知应会目标

知识目标：
➤ 掌握时间继电器和中间继电器的用途、结构、原理和符号。
➤ 能分析延时起动控制电路。
➤ 能分析两台电动机的顺序控制电路。

技能目标：
➤ 能对时间继电器和中间继电器进行检测。
➤ 熟练绘制电路接线图。
➤ 正确安装电动机延时起动控制电路。
➤ 正确安装顺起逆停控制电路。
➤ 能根据故障现象检修电路。

职业素养目标：
➤ 严谨认真、规范操作、信息素养。
➤ 环保意识、节约意识、规则意识。
➤ 勤学苦练、追求卓越、工匠精神。

项目职业背景

在一些特殊行业的生产过程中，为保证安全生产，通常要求按下起动按钮后，先延时一段时间（如10s），由电铃和信号灯发出声光报警提示现场人员注意，延时时间到，声光报警立即停止，电动机起动运行。

在许多生产机械中，为了保证操作过程的合理和工作的安全可靠，电动机需要按一定的顺序起动或停止。如CA6140型卧式车床要求主轴电动机起动后，冷却泵电动机才可以起动。

通过本项目的学习和实际操作训练，掌握时间继电器、中间继电器的用途、结构、原理和符号，并能正确安装和调试电路。

任务一　电动机延时起动控制电路安装

一、元器件的识别与检测

1. 时间继电器

时间继电器是一种利用电磁原理或机械动作实现触头延时接通或断开的自动控制电器。根据触头延时的特点，分为通电延时与断电延时两种，通电延时是指时间继电器的电磁线圈通电后，其触头延时动作；断电延时则是指在电磁线圈断电后，触头延时复位。时间继电器种类很多，常用的有空气阻尼式、电磁式、电动式和电子式等。

空气阻尼式时间继电器由电磁系统、触头、气室及传动机构等组成。它的动作时间由空气通过小孔节流的原理来控制。

电子式时间继电器采用晶体管或集成电路和电子元器件等构成。电子式时间继电器具有体积小、重量轻、延时精度高、延时范围广、抗干扰性能强、可靠性高、寿命长等特点，适用于各种要求高精度、高可靠性的自动控制场合。

（1）外形、符号　时间继电器外形如图3-1所示，文字符号为KT，电气图形符号如图3-2所示。

时间继电器

a)　　　　　　　　　　　　b)

图3-1　时间继电器外形

a）电子式时间继电器　b）空气阻尼式时间继电器

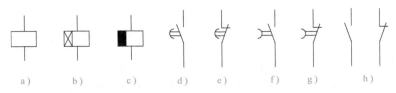

a)　　b)　　c)　　d)　　e)　　f)　　g)　　h)

图3-2　时间继电器的符号

a）线圈一般符号　b）通电延时线圈　c）断电延时线圈　d）通电延时常开触头
e）通电延时常闭触头　f）断电延时常开触头　g）断电延时常闭触头　h）瞬动触头

（2）电子式时间继电器接线　观察图 3-3 所示的电子式时间继电器接线示意图，②和⑦为电压输入端，①和④、⑧和⑤为常闭触头，①和③、⑧和⑥为常开触头。电子式时间继电器需配底座使用，底座如图 3-4 所示。

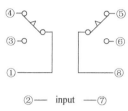

图 3-3　电子式时间继电器接线示意图　　　图 3-4　电子式时间继电器底座

（3）电子式时间继电器时间整定　例如，要定时 6s，则应按照图 3-5 所示步骤进行时间整定。当拨码开关和刻度片在图 3-6 所示 10s 位置时，则直接进入步骤 5)。

1）拔出旋钮开关端盖。
2）取下正反两面印有时间刻度的时间刻度片。
3）按照对应时间范围调整两个白色拨码开关位置。
4）将满量程 10s 的刻度片放在最上面，盖好旋钮开关的端盖。
5）调整整定时间为 6s，旋转端盖使红色刻度线对准 6s。

时间继电器接线及
时间整定

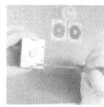

图 3-5　时间继电器的时间整定

不同时间范围所对应的拨码开关位置及时间刻度片如图 3-6 所示。

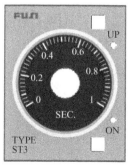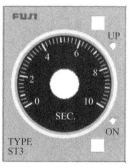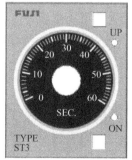

 1s　　 10s　　 60s　　 6min

图 3-6　时间继电器的时间范围调整

（4）检测　安装前的检测根据时间继电器种类而定。

1）空气阻尼式时间继电器可用万用表测试其线圈电阻、常开触头、常闭触头。

2）电子式时间继电器的额定电压为220V，可按图3-7连接好测试电路，将时间继电器插入如图3-4所示的底座。带电测试观察触头动作情况。

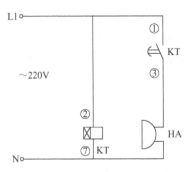

电子式时间
继电器测试电路
动画视频

图3-7　时间继电器测试电路图

（5）其他常见时间继电器　图3-8所示为其他几种常见的时间继电器。

（6）选择　根据时间继电器的延时方式、延时精度、延时范围、触头类型、工作环境等因素确定采用何种类型的时间继电器，然后再选择线圈的额定电压。具体选择什么类型的时间继电器合适，除了需要对设备控制要求进行分析，还要了解每个备选器件的工作特性。

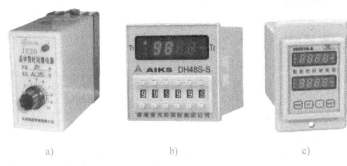

图3-8　其他常见的时间继电器

a）晶体管式　b）数显式　c）智能式

2. 中间继电器

中间继电器在电路中的作用是扩大触头数量，起中间放大与转换作用。

（1）外形、符号　中间继电器外形、符号如图3-9所示。中间继电器的基本结构和工作原理与接触器相类似，也是由线圈、静铁心、动铁心、触头系统和复位弹簧等组成。但它没有主触头、辅助触头之分，触头容量小，只允许通过小电流，一般不超过5A。与交流接触器的主要区别是触头数目多，在选用中间继电器时，主要考虑电压等级和触头数目。

中间继电器

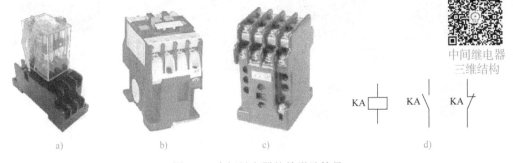

中间继电器
三维结构

图3-9　中间继电器的外形及符号

a）HH54P　b）ZC1系列　c）JZ7系列　d）符号

（2）安装接线　HH54P/A 型中间继电器的接线示意图和底座如图 3-10 所示。

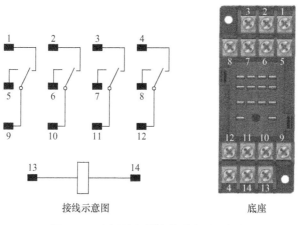

中间继电器触头
系统动画视频

接线示意图　　　　　　底座

图 3-10　中间继电器接线示意图、底座

由于中间继电器触头容量较小，所以一般不能接到主电路中。固定好底座后，先按器件上的图示接线，然后再将中间继电器插装在底座上。

（3）测试　中间继电器测试电路如图 3-11 所示，其中 HA 为蜂鸣器。

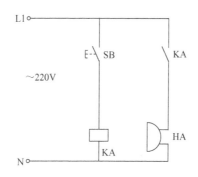

图 3-11　中间继电器测试电路

3. 电铃、蜂鸣器

电铃常用于生产线或机械设备的延时起动报警，在实训板上可用蜂鸣器代替，蜂鸣器可安装在按钮台上，节约空间。电铃、蜂鸣器的外形及符号如图 3-12 所示。

图 3-12　电铃和蜂鸣器的外形及符号

a）电铃　b）蜂鸣器　c）电铃符号　d）蜂鸣器符号

二、识读电路图

电动机的延时起动控制电路电气原理图如图 3-13 所示。

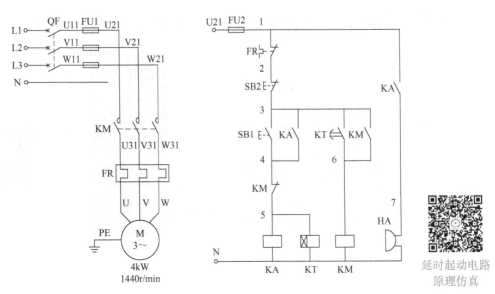

延时起动电路
原理仿真

图 3-13　电动机延时起动控制电路电气原理图

　　主电路由电源总开关 QF、熔断器 FU1、接触器 KM 主触头、热继电器 FR、电动机 M 组成；控制电路由熔断器 FU2、热继电器 FR 常闭触头、起动按钮 SB1、停止按钮 SB2、中间继电器 KA、时间继电器 KT、接触器 KM 线圈及辅助触头组成；辅助电路由中间继电器 KA 的常开触头、蜂鸣器组成。

　　电路的工作原理如下：合上断路器 QF，按下起动按钮 SB1，中间继电器 KA 线圈通电自锁，同时时间继电器 KT 线圈得电并开始计时，KA 的常开触头闭合，辅助电路接通，蜂鸣器发出报警声。当 KT 延时时间到，KT 延时闭合常开触头闭合，接触器 KM 线圈通电，KM 的常闭触头先断开，中间继电器 KA 和时间继电器 KT 的线圈断电，KA 常开触头复位，报警声立即停止，同时 KM 主触头闭合，电动机起动，KM 常开辅助触头闭合自锁，电动机连续运行。按下停止按钮 SB2，电动机停止运行。

三、材料准备

1. 电器元件明细表

　　识读电动机延时起动控制电路的原理图，熟悉电路所用电器元件的作用和电路的工作原理。延时起动控制电路元器件清单见表 3-1。

表 3-1　延时起动控制电路元器件清单

序号	名　　称	型号与规格	数　量
1	三相异步电动机	Y112M—4,4kW,380V,8.8A	1台
2	低压断路器	DZ47—32/3P D20,380V	1个
3	交流接触器	CJX1—1222,线圈电压 220V	1个
4	熔断器	RT18—32,500V,配 20A 和 4A 熔体	4只
5	热继电器	JRS1—09—25/Z(LR2—D13),整定电流 9.6A,配底座	1只
6	中间继电器	HH54P/A,线圈电压 220V	1只
7	时间继电器	ST3P,额定电压 220V,通电延时型	1只
8	蜂鸣器	AD16—22SM,220V	1只

（续）

序号	名　　称	型号与规格	数　　量
9	按钮	LAY7 或 NP4—11BN,22mm,红色	1 只
10	按钮	LAY7 或 NP4—11BN,22mm,绿色	1 只
11	端子板	TB1510,600V	2 条
12	导轨	35mm × 200mm	若干
13	木螺钉	$\phi 3mm × 20mm$；$\phi 3mm × 15mm$	若干
14	塑料软铜线	BVR1.5mm²,1mm²（颜色自定）	若干
15	接地保护线（PE）	BVR1.5mm²,绿-黄双色	若干
16	编码套管	自定	若干

2. 检查元器件

1）所用电器元件的外观应完整无损，附件、备件齐全。

2）用万用表、绝缘电阻表检测电器元件及电动机的有关技术数据是否符合要求。

四、控制电路安装

1. 绘制布置图并安装电器元件

绘制电器布置图，在控制板上按布置图安装电器元件，并贴上醒目的文字标识。

2. 绘制接线图

将图 3-14 所示的接线图补充完整，在控制板上按接线图进行线槽布线。

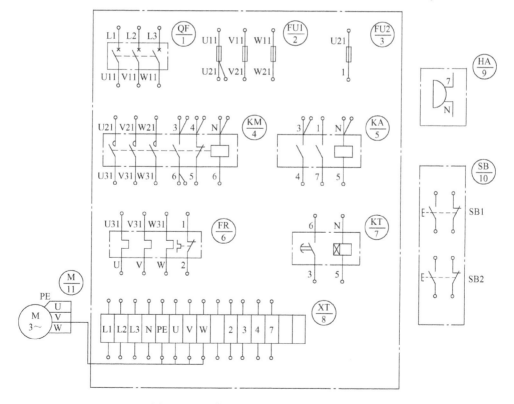

图 3-14　电动机延时起动控制电路接线图

3. 电路接线

按接线图和原理图完成电路接线。

4. 检测主电路和控制电路

主电路和控制电路的检测方法和步骤如下。

（1）按照原理图、接线图逐线核查 重点检查控制电路和辅助电路的各触头有无错接、漏接、脱落、虚接等现象，检查导线与各端子的接线是否牢固。

（2）用万用表检查电路通断情况 用手动操作来模拟触头分合动作。先检查控制电路后检查主电路，检查方法如下。

1）检查控制电路，断开 FU2，将万用表表笔接到 N、1 处进行以下检测：

① 测量控制电路电阻值，其值应为∞ 。

② 按下按钮 SB2，测量控制电路电阻值，应为中间继电器线圈和时间继电器线圈的并联电阻，松开 SB2 后电阻值为∞ 。

③ 手动压下接触器 KM，测量控制电路电阻值，应为接触器 KM 的线圈电阻。同时按下 SB1，测得的控制电路电阻值应为∞ ，松开接触器 KM 和按钮 SB1 后电阻值也应为∞ 。

2）检查主电路，合上 QF，仍然保持控制电路断开状态，用万用表分别测量 L1—L2、L2—L3、L3—L1 之间的电阻，应均为断路（$R \rightarrow \infty$）。若某次测量结果为短路（$R \rightarrow 0$），则说明所测两相之间的接线处有短路现象，应仔细检查，排除故障。

压下接触器 KM，测量 L1—U、L2—V、L3—W 之间的电阻，应为 0，说明三相均为通路，若某次测量结果为断路（$R \rightarrow \infty$），说明所测相的接线有断路情况，应仔细检查，找出断路点，并排除故障。

5. 安装电动机

连接电动机和按钮金属外壳的保护接地线。连接三相电源等控制板外部的导线，再次对主电路进行相间检测和每一相的检测。

6. 通电试车

上述的各项检查完全合格后，清点工具材料，清除安装板上的线头杂物，检查三相电源，将热继电器按照电动机的额定电流整定好，在一人操作一人监护下通电试车，具体步骤如下：

1）连接好电源。

2）提醒同组人员注意。

3）通电试车，如出现故障按下急停按钮，断开电源开关，重新检测，排除故障。

4）通电试车后，断开电源，拆除导线，整理工具材料和操作台。

任务二　电动机顺序控制电路安装

一、电路分析

常用的顺序控制电路有两种：一是主电路的顺序控制，二是控制电路的顺序控制。

1. 主电路的顺序控制

主电路的顺序控制电路如图 3-15 所示。在主电路中，接触器 KM2 的三对主触头串在接触器 KM1 主触头的下方，故只有当 KM1 主触头闭合，电动机 M1 起动运转后，KM2 才能使电动机 M2 通电起动，满足电动机 M1、M2 顺序起动的要求。图中 SB1、SB2 分别为两台电动机的起动按钮，SB3 为电动机同时停止的控制按钮。

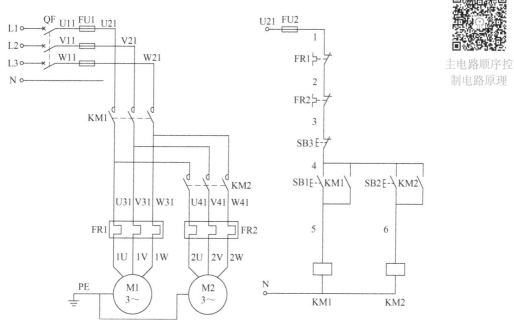

主电路顺序控制电路原理

图 3-15　主电路顺序控制电路

主电路顺序控制中的电动机 M2 还可以通过接插器、转换开关等接在接触器 KM1 主触头的下面，如图 3-16 所示。M7120 型平面磨床的砂轮电动机和冷却泵电动机就是采用这种插接器连接的顺序控制电路；CA6140 型车床主轴电动机和冷却泵电动机是采用转换开关连接的顺序控制电路。

你能画出 CA6140 主轴电动机和冷却泵电动机顺序控制的电路图吗？

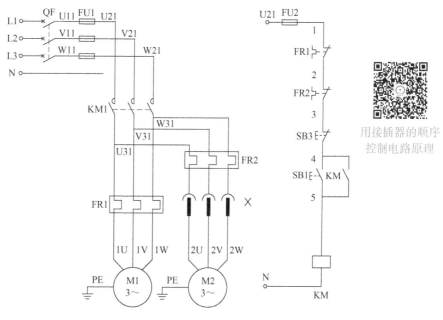

用接插器的顺序控制电路原理

图 3-16　用接插器控制 M2

2. 控制电路的顺序控制

如果电动机主电路不采用顺序控制，也可以通过控制电路实现顺序控制功能，如图3-17所示。

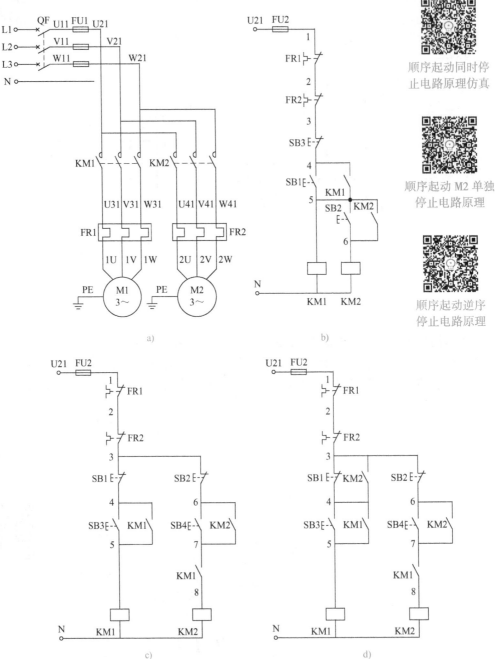

顺序起动同时停止电路原理仿真

顺序起动 M2 单独停止电路原理

顺序起动逆序停止电路原理

图 3-17　控制电路的顺序控制

a）主电路　b）顺序起动，同时停止　c）顺序起动，M2 可单独停止　d）顺序起动，逆序停止

图 3-17b 所示电路的工作原理如下：

起动过程：合上低压断路器 QF，按下 SB1，KM1 线圈得电，其主触头闭合，常开辅助触头闭合实现自锁，M1 得电连续运转；按下 SB2，KM2 线圈得电，KM2 主触头闭合，接通主电路，KM2 常开辅助触头闭合自锁，M2 得电连续运转。

停车过程：按下 SB3，KM1、KM2 线圈同时断电，主触头分断，电动机 M1、M2 同时断电停转。

控制特点：M1 起动运转之后，电动机 M2 才可以起动，M1、M2 同时停车。

图 3-17c 是用一个 KM1 常开辅助触头作为顺序控制触头，串联在接触器 KM2 的线圈电路中。当接触器 KM1 线圈通电自锁、常开辅助触头闭合后，接触器 KM2 线圈才具备得电的条件，实现 M1 起动运转之后电动机 M2 才可以起动，M2 可以单独停车，M1 停车后 M2 也会停车。

图 3-17d 所示电路具有顺序起动、逆序停止的功能。接触器 KM2 常开辅助触头并联在停车按钮 SB1 常闭触头两端，只有接触器 KM2 线圈断电，SB1 才能使接触器 KM1 线圈断电，电动机 M1 停车。从而实现 M1、M2 顺序起动、逆序停止，即 M1 起动后 M2 方可起动，M2 停车后 M1 方可停车。

二、材料准备

1. 电器元件明细表

图 3-17d 所示电路电器元件清单见表 3-2。

表 3-2　电动机顺序控制电路元器件清单

序号	名　称	型号与规格	数　量
1	三相异步电动机	Y112M—4,4kW,380V,8.8A	1 台
2	低压断路器	DZ47—32/3P D20,380V	1 个
3	交流接触器	CJX1—1222,线圈电压 220V	2 个
4	熔断器	RT18—32,500V,配 20A 和 4A 熔体	4 只
5	热继电器	JRS1—09—25/Z(LR2—D13),整定电流 9.6A,配底座	1 只
6	按钮	LAY7 或 NP4—11BN,22mm,红色	2 只
7	按钮	LAY7 或 NP4—11BN,22mm,绿色	2 只
8	端子板	TB1510,600V	2 条
9	导轨	35mm×200mm	若干
10	木螺钉	φ3mm×20mm;φ3mm×15mm	若干
11	塑料软铜线	BVR1.5mm²,1mm²,0.75mm²(颜色自定)	若干
12	接地保护线(PE)	BVR1.5mm²,绿-黄双色	若干
13	编码套管	自定	若干
14	线槽	150mm	若干

2. 电器元件质量检查

按表 3-2 配齐所用电器元件，并进行质量检验，电器元件应完好无损，附件、备件齐全，各项技术指标符合规定要求，否则应予以更换。

三、顺序控制电路的安装

根据电器元件选配安装工具和控制板，安装步骤如下。

1. 安装电器元件

在控制板上按电器布置图安装电器元件，并贴上醒目的文字符号，电器布置图如图3-18所示。

2. 补画接线图

在图3-19上补充完整顺序控制电路的接线图。

按照线槽布线工艺布线，并在导线上套上编码套管。

3. 安装电动机

安装电动机及保护接地线。

4. 自检电路

安装完毕应检测线路无误后方可通电试车，主电路和控制电路可分别检测。

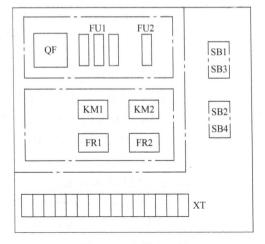

图3-18 电器布置图

1）按照图3-17d所示原理图核查接线有无错接、漏接、脱落、虚接等现象，检查导线与各端子的接线是否牢固。

2）用万用表检查电路通断情况，用手动操作来模拟触头分合动作。

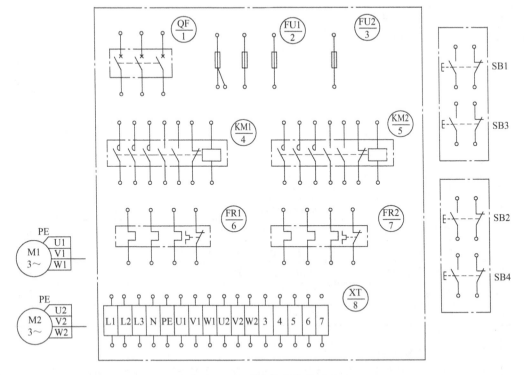

图3-19 顺序控制接线图

5. 通电试车

通过上述的各项检查，完全合格后，清点工具材料，清除安装板上的线头杂物，检查三相电源，将热继电器按照整定电流 9.6A 整定好，在一人操作一人监护下通电试车，具体步骤如下。

1）连接三相电源等控制板外部的导线。

2）通电试车前，应熟悉电路的操作过程，即先合上低压断路器，然后按下 SB3，再按下 SB4 顺序起动。停车时，先按下停止按钮 SB2，再按下 SB1，M2、M1 逆序停转。

3）试车时，应注意观察电动机和电器元件的状态是否正常。若发现异常现象，应立即切断电源重新检查，排除故障。

4）通电试车后，断开电源，拆除导线，整理工具材料和操作台。

任务三 电动机顺序控制电路检修

一、电路检修

顺序控制电路如图 3-17d 所示，常见故障现象有：电动机 M1、M2 均不能起动，电动机 M1 起动后 M2 不能起动，逆序停止时 M1 和 M2 均不能停止等，其故障分析与处理见表 3-3。

表 3-3 顺序控制电路常见的故障分析与处理

故 障 现 象	故 障 分 析	故 障 处 理
按下 SB3、SB4，M1、M2 均不能起动	1. 低压断路器未接通 2. 熔断器熔体熔断 3. 热继电器未复位	1. 检查 QF，如果上接线端有电、下接线端没电，则 QF 存在故障，应检修或更换；如果下接线端有电，则 QF 正常 2. 更换同规格熔体 3. 复位 FR 常闭触头
M1 起动后，按下 SB4，M2 不能起动	1. KM2 触头未闭合 2. KM1 常开辅助触头故障 3. M2 电源断相或没电 4. M2 烧坏	1. 检查 KM2 线圈电路导线有无脱落，若有脱落则需恢复；检查 KM2 线圈是否损坏，如损坏则需更换；检查 SB3 按钮是否正常，若不正常则需修复或更换 2. 检查 KM1 常开辅助触头是否闭合，若不闭合则需修复 3. 检查 KM1 主触头以下至 M2 部分有无导线脱落，如有脱落则需恢复；检查 KM2 主触头是否存在故障，若存在则需修复或更换接触器 4. 拆下 M2 电源线，检修电动机
M2 未停车，按下 SB1，M1 停车	KM2 常开辅助触头故障	检修 KM2 常开辅助触头及其连接线，若损坏或脱落则需修复或更换
按下 SB2，不能停车	1. SB2、SB1 故障 2. 接触器主触头故障	1. 立即切断电源，首先检查 SB2、SB1 是否被短接或发生熔焊，如果是，则应拆除短接物或更换按钮 2. 检查 KM1、KM2 主触头是否熔焊，若是，则应更换触头

二、清理现场

实训结束后清理现场，收好工具、仪表，整理实训台。

三、项目评价

将本项目的评价与收获填入表3-4中。其中规范操作一项可对照附录C控制电路维修评分标准进行评分。

表3-4 项目的过程评价表

评价内容	任务完成情况	规范操作	参与程度	8S执行情况
自评分				
互评分				
教师评价				
收获与体会				

阅读材料

常用低压电器的选择

1. 低压断路器的选择

选择低压断路器可按下述原则进行：

1）低压断路器的额定电压和额定电流应不小于电路、设备的正常工作电压和工作电流。

2）热脱扣器的整定电流应与所控制电动机的额定电流或负载额定电流一致。

3）电磁脱扣器瞬时脱扣整定电流 I_Z 应大于负载电路正常工作时的尖峰电流，对于电动机负载来说，DZ系列断路器应按下式计算：

$$I_Z \geqslant KI_{st}$$

式中　K——安全系数，可取 $1.5 \sim 1.7$；

　　　I_{st}——电动机的起动电流。

4）欠电压脱扣器的额定电压应等于电路的额定电压。

5）断路器的极限通断能力应不小于电路的最大短路电流。

2. 按钮的选择

1）根据使用场合和具体用途选择按钮的种类，如开启式、光标式、钥匙操作式等。

2）根据工作状态指示和工作情况要求选择按钮或指示灯颜色，如起动按钮选白、灰或黑色，优先选用白色，也允许选用绿色；急停按钮选红色；停止按钮可选黑、灰或白色，优先选黑色，也允许选红色。

3）根据控制电路的需要选择按钮的数量，如单联按钮、双联按钮和三联按钮等。

3. 熔断器的选择

（1）熔断器类型的选择　根据使用环境和负载性质选择熔断器类型。如照明电路可选择RC1系列插入式熔断器；开关柜或配电屏可选RM10系列无填料封闭管式熔断器；机床控制电路中可选RL1系列螺旋式熔断器；用于半导体功率器件及晶闸管保护时，应选RLS或RS系列快速熔断器。

(2) 熔断器额定电压的选择 熔断器额定电压必须高于电路的额定电压，额定电流必须大于或等于所装熔体的额定电流。

(3) 熔体额定电流的选择 选择熔体额定电流时可分为以下几种情况：

1) 照明、电热负载熔体的额定电流等于或稍大于负载的额定电流。

2) 对于不经常起动的单台电动机的短路保护，熔体的额定电流应大于或等于$1.5 \sim 2.5$（频繁起动系数选 $3 \sim 3.5$）倍电动机的额定电流，即 $I_{RN} \geqslant (1.5 \sim 2.5) I_N$。

3) 对于多台电动机的短路保护，熔体的额定电流应大于或等于其中最大容量电动机的额定电流加上其余电动机额定电流的总和，即 $I_{RN} \geqslant (1.5 \sim 2.5) I_{Nmax} + \sum I_N$。

4) 熔断器的分断能力应大于电路中可能出现的最大短路电流。

4. 接触器的选择

1) 一般根据控制电路电源种类选择采用交流接触器还是直流接触器，但是直流电动机或负载容量较小时，也可以选用交流接触器，只是触头的额定电流应选大些。

2) 接触器主触头的额定电压、额定电流应大于或等于负载的额定电压、额定电流。

3) 接触器控制电阻性负载时，主触头的额定电流应不小于负载的额定电流；接触器控制电动机时，主触头的额定电流应大于或稍大于电动机的额定电流；如果接触器控制频繁起动、制动或可逆运行的电动机，接触器主触头的额定电流应选大一个等级。

4) 接触器触头的数量和种类应满足控制电路要求。

5) 接触器的线圈电压等于控制电路电源电压。

6) 额定操作频率（次/h）应满足每小时允许接通的最多次数。

5. 热继电器的选择

1) 热继电器的额定电流一般略大于电动机的额定电流。

2) 热元件的整定电流为电动机额定电流的 $0.95 \sim 1.05$ 倍，但若电动机拖动的是冲击性负载或应用在起动时间较长及拖动设备不允许停电的场合，热继电器的整定电流可取 $1.1 \sim 1.5$ 倍电动机的额定电流。如果电动机的过载能力较差，热继电器的整定电流可取 $0.6 \sim 0.8$ 倍电动机的额定电流。同时整定电流应留有一定的上下限调整范围。

3) 根据电动机定子绕组的连接方式选择热继电器的结构形式。定子绕组丫联结的电动机选用三相结构的热继电器，而△联结的电动机选用三相带断相保护装置的热继电器。

6. 时间继电器的选择

1) 根据要求的延时范围和精度选择时间继电器的类型和系列。在延时精度要求不高的场合，可选价格较低的空气阻尼式时间继电器；在精度要求较高的场合，可选电子式时间继电器。

2) 根据控制电路的要求选择时间继电器的延时方式（通电延时或断电延时），同时还须考虑电路对延时动作触头的要求。

3) 根据控制电路电压选择时间继电器的线圈电压。

7. 中间继电器的选择

1) 中间继电器的触头和线圈电压类型应与控制电路电压类型一致。

2) 中间继电器的触头和线圈电压的大小应满足控制电路要求。

3) 中间继电器的数量、种类、容量必须满足控制电路要求。

应知应会要点归纳

1）时间继电器是一种利用电磁原理或机械动作原理实现触头延时接通或断开的自动控制电器。

2）根据触头延时的特点，时间继电器分为通电延时与断电延时两种。

3）时间继电器种类很多，常用的有空气阻尼式、电磁式、电动式和电子式等。

4）中间继电器由线圈、静铁心、动铁心、触头系统和复位弹簧等组成。

5）常用的顺序控制电路有两种：一是主电路的顺序控制，二是控制电路的顺序控制。

应知应会自测题

一、单项选择题

1. 时间继电器的文字符号是（　　）。

A. KA   B. KT   C. KM   D. FR

2. 时间继电器的作用是（　　）。

A. 短路保护   B. 过载保护   C. 延时   D. 欠电压保护

3. 中间继电器的文字符号是（　　）。

A. KA   B. KT   C. KM   D. FR

4. 延时起动电路中熔断器的作用是（　　）。

A. 欠电压保护   B. 短路保护   C. 过载保护   D. 过电压保护

5. 以下（　　）不是电子式时间继电器的特点。

A. 体积小、重量轻   B. 延时精度低   C. 抗干扰能力强   D. 可靠性高

6. 要求几台电动机的起动或停止必须按一定先后顺序来完成的控制方式，称为电动机的（　　）。

A. 顺序控制   B. 异地控制   C. 多地控制   D. 自锁控制

7. X62W 型万能铣床要求主轴电动机起动后，进给电动机才能起动，这种控制方式称为（　　）。

A. 顺序控制   B. 多地控制   C. 自锁控制   D. 联锁控制

二、判断题

1. 电子式时间继电器具有体积小、重量轻、延时精度高等特点。（　　）

2. 通电延时型时间继电器和断电延时型时间继电器的常开触点的图形符号相同。（　　）

3. 时间继电器用字母 S 表示。（　　）

4. 时间继电器分为通电延时型和断电延时型。（　　）

5. 通电延时型的时间继电器通电后开始延时，延时时间到，常开触点闭合。（　　）

6. 热继电器在顺序控制电路中起短路保护作用。（　　）

7. 电动机外壳应该接地。（　　）

三、综合题

1. 画出图形符号并标注文字符号。

（1）按钮　　　　（2）熔断器　　　　（3）低压断路器　　　　（4）交流接触器

（5）热继电器　　（6）时间继电器　　（7）中间继电器

2. 读图题

带式输送机电路如图 3-20 所示。第一台电动机起动后，才可以起动第二台电动机；停车时，先停第二台电动机，才可以停第一台电动机，这样才不会造成物料在传送带上的堆积。

电动机型号规格如下：

（1）电动机 M1：Y132M—4，7.5kW，380V，△联结；

（2）电动机 M2：Y132M—4，7.5kW，380V，△联结。

根据电动机型号选择合适的元器件，列出元器件清单。

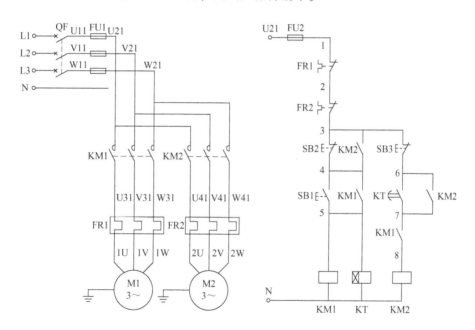

图 3-20　带式输送机电路

四、设计题

1. 设计一个电动机控制小车运行的控制电路，其控制要求如下：

（1）小车由原位开始前进，到终端自动停止。

（2）在终端停留 2min 后自动返回原位停止。

（3）要求在前进或后退途中任意位置都能停止和起动，有必要的保护。

2. 设计三条带式输送机的顺序起动、逆序停止控制电路。要求：

（1）电动机起动顺序为 1 号、2 号、3 号，即顺序起动，以防止货物在传送带上堆积。

（2）电动机停车顺序为 3 号、2 号、1 号，即逆序停止，以保证停车后传送带上不残留货物。试画出三条带式输送机顺序控制、逆序停止的电路图。

 看图学知识

画 面 提 示

图3-21所示为空气阻尼式时间继电器外形及结构图，它是利用电磁原理和机械动作来使其触头获得延时动作时间的，分为通电延时型与断电延时型两种。

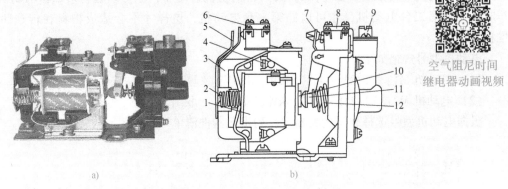

空气阻尼时间
继电器动画视频

图3-21 空气阻尼式时间继电器外形及结构图

1—线圈 2—反力弹簧 3—衔铁 4—铁心 5—弹簧片 6—瞬时触头 7—杠杆

8—延时触头 9—调节螺钉 10—推板 11—推杆 12—塔形弹簧

空气阻尼式时间继电器由电磁系统、触头、气室及传动机构等组成。

将线圈部分转180°就能将通电延时型改成断电延时型，同理也可将断电延时型改为通电延时型。更改后，注意原来的常开触头变为常闭触头，常闭触头变为常开触头。

 职业素养加油站

➤诚实是指言行跟内心思想一致，不弄虚作假、不欺上瞒下，做老实人、说老实话、办老实事；守信是指要遵守自己所做出的承诺，讲信用、守诺言。诚实守信是电工作业人员职业道德的根本，是在职业活动中处理人与人之间关系的道德准则。

➤同学间真诚相待，养成良好的道德品质。

三相异步电动机减压起动控制电路安装与检修

→ 项目分析

任务一 认识常用减压起动控制电路
任务二 Y—△减压起动控制电路安装与检修
任务三 认识软起动器控制电路

→ 职业岗位应知应会目标

知识目标:
➢ 掌握直接起动的条件。
➢ 掌握Y—△减压起动控制电路的工作原理。
➢ 理解软起动控制电路的工作原理。

技能目标:
➢ 能用万用表对电器元件进行检测。
➢ 能正确安装Y—△减压起动控制电路。
➢ 能根据故障现象检修电路。

职业素养目标:
➢ 严谨认真、规范操作、诚实守信。
➢ 环保意识、节约意识、协作意识。
➢ 热爱劳动、追求卓越、精益求精。

→ 项目职业背景

电动机接通电源后由静止状态逐渐加速到稳定运行状态的过程,称为起动。若将额定电压直接加到电动机的定子绕组上,使电动机起动运行,称为直接起动,也称为全压起动。直接起动的优点是所用设备少,电路简单;缺点是起动电流大,为额定电流的 4~7 倍。容量较大的电动机若采用直接起动,将引起电网电压严重下降,不仅会导致电动机起动困难、寿命缩短,而且会影响同一电网中其他用电设备的正常运行。因此,较大容量的电动机需采用减压起动。

任务一 认识常用减压起动控制电路

判断一台交流电动机能否采用直接起动,可按式(4-1) 来确定。通常规定电源容量在

180kV·A 以上、电动机功率在 7.5kW 以下的三相异步电动机可采用直接起动。

$$\frac{起动电流}{额定电流} \leqslant \frac{3}{4} + \frac{电源变压器容量（kV·A）}{4 \times 电动机容量（kW）} \tag{4-1}$$

满足式(4-1) 的电动机可以直接起动，否则应减压起动。

减压起动是指起动时降低加在电动机定子绕组上的电压，待电动机起动后，再将其电压恢复到额定值，使之运行在额定电压下。减压起动可以减小起动电流，减小线路电压降，但也会使起动转矩降低。

常见的减压起动方法有定子绕组串电阻或电抗器减压起动、自耦变压器减压起动、丫—△减压起动和延边三角形减压起动等。随着科技的进步，软起动器和变频器在起动电路中的应用也越来越多。

一、丫—△减压起动控制电路

1. 丫—△减压起动原理

丫—△减压起动是指电动机起动时，把定子绕组接成星形联结，以降低起动电压，限制起动电流，待电动机起动后，再把定子绕组改接成三角形联结。只有正常运行时定子绕组接成三角形联结的笼型异步电动机才可以采用丫—△减压起动的方法。Y 系列的笼型异步电动机功率在 4.0kW 以上者均为三角形联结，可以采用丫—△减压起动的方法。

在起动过程中，将电动机定子绕组接成星形联结，电动机每相绕组承受的电压为额定电压的 $1/\sqrt{3}$，起动电流为三角形联结时的 1/3，起动转矩也只有三角形联结时的 1/3，因此这种减压起动方法只适用于空载和轻载起动。

图 4-1 所示为定子绕组丫—△接线示意图，U1、V1、W1 为三相绕组的首（尾）端；U2、V2、W2 为三相绕组的尾（首）端，当 KM$_丫$ 的常开主触头闭合，KM$_△$ 的常开主触头断开时，三相绕组为丫联结，如图 4-1b 所示；当 KM$_丫$ 的常开主触头断开，KM$_△$ 的常开主触头闭合时，为△联结，如图 4-1c 所示。

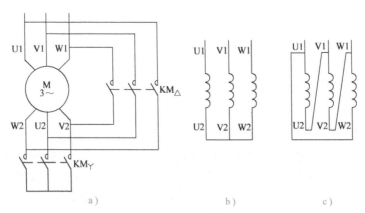

丫—△减压起动
原理动画视频

图 4-1　定子绕组丫—△接线示意图
a）定子绕组丫—△接线　b）丫联结　c）△联结

2. 丫—△减压起动控制电路分析

常用的丫—△减压起动器有 QX3—13、QX3—30、QX3—55、QX3—125 等型号，其中 QX3 后面的数字是指额定电压为 380V 时，起动器可控制的电动机的最大功率值（以 kW 计）。

图 4-2 所示为 QX3—13 型减压起动器的丫—△减压起动控制电路。图中主电路通过三个接触器 KM、KM△、KM丫主触头的通断配合，将电动机的定子绕组分别接成星形联结或三角形联结。当 KM、KM丫线圈通电时，定子绕组接成星形；当 KM、KM△线圈通电时，定子绕组接成三角形。时间继电器 KT 用来控制电动机星形起动切换至三角形运行。

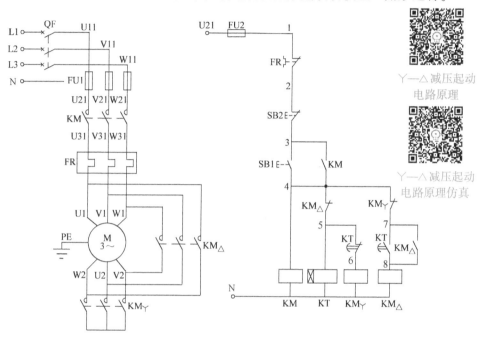

丫—△减压起动
电路原理

丫—△减压起动
电路原理仿真

图 4-2　QX3—13 型减压起动器的丫—△减压起动控制电路

电路工作原理如下：

合上总电源开关 QF，

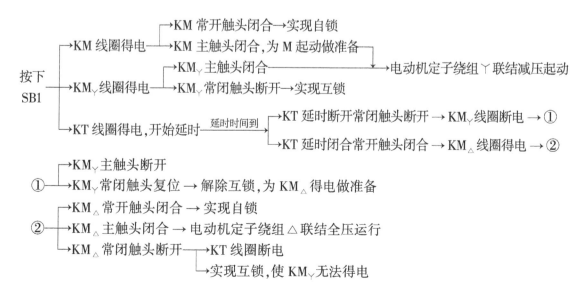

停车：按下停止按钮 SB2，控制电路断电，电动机 M 停转。

二、自耦变压器减压起动控制电路

1. 自耦变压器减压起动原理

自耦变压器（补偿器）减压起动是指利用自耦变压器来降低加在电动机三相定子绕组上的电压，达到限制起动电流的目的。电动机起动时，定子绕组得到的电压是自耦变压器的二次电压，一旦起动完毕，自耦变压器便被切除，电动机全压正常运行。在实际应用中，自耦变压器减压起动方法适用于电动机容量大、不频繁起动的场合。自耦变压器通常有65%、80%两组抽头，可以根据起动时负载大小来选择，出厂时接在65%的抽头上。图4-3所示为自耦变压器外形及星形联结示意图。

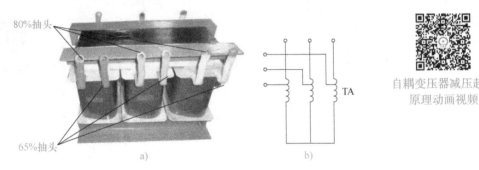

自耦变压器减压起动原理动画视频

图 4-3　自耦变压器外形及星形联结示意图

a）外形　b）星形联结示意图

2. 自耦变压器减压起动控制电路分析

民用及一般工业所使用的消防水泵电动机功率范围为 5.5 ~ 75kW，由于电源不同，可选用的起动方式包括直接起动、丫—△减压起动、自耦变压器减压起动和软起动器起动。自耦变压器减压起动控制电路如图4-4所示。该电路由自耦变压器、变压器、交流接触器、中间继电器、热继电器、时间继电器和按钮等电器元件组成。

自耦变压器减压起动电路原理仿真

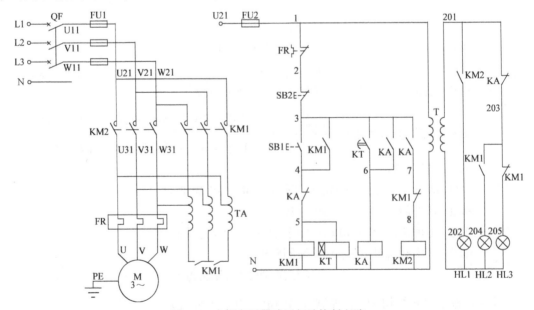

图 4-4　自耦变压器减压起动控制电路

其工作原理如下：

合上断路器 QF→指示灯 HL3 亮

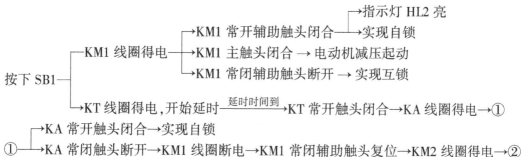

停车：按下停止按钮 SB2，控制电路断电，电动机 M 停转。

💡 **特别提示**

1）时间继电器应该先安装好底座，接好线后，再插入底座。

2）时间继电器应在不通电时预先整定好时间，在试车时校正。

3）电动机和自耦变压器的金属外壳必须可靠接地，并将接地线接到接地螺钉上。

4）自耦变压器要安装在箱体内，否则应采取遮护或隔离措施，并在进出线端子上进行绝缘处理，以防止发生触电事故。

5）若无自耦变压器，可用两组灯箱来代替电动机和自耦变压器进行模拟，注意三相规格必须相同。

三、定子绕组串电阻减压起动控制电路

定子绕组串电阻减压起动控制电路如图 4-5 所示。电动机起动时，在三相定子电路中串接电阻，通过电阻的分压作用使电动机定子绕组电压降低，起动后，再将电阻短接，电动机在额定电压下正常运行。

其工作原理如下：

合上低压断路器 QF，

按下 SB1

→KM1 线圈得电
→KM1 常开辅助触头闭合 → 实现自锁
→KM1 主触头闭合 → 电动机 M 串电阻减压起动

→KT 线圈得电,开始延时 ——KT 延时时间到——→KT 常开触头闭合 → KM2 线圈得电 → ①

①
→KM2 常开辅助触头闭合 → 实现自锁
→KM2 主触头闭合 → R 被短接 → 电动机 M 全压运行
→KM2 常闭辅助触头断开 → 实现互锁

停车：按下停止按钮 SB2，KM2 线圈断电释放，电动机 M 停转。

起动电阻一般采用由电阻丝绕制的板式电阻或铸铁电阻，它的阻值小、功率大，允许通过较大的电流。常用的起动电阻有 ZX1、ZX2、ZX15 等系列，其外形如图 4-6 所示。ZX1、ZX15 系列电阻器功率约为 4.6kW，ZX2 型电阻器功率约为 3.5kW。

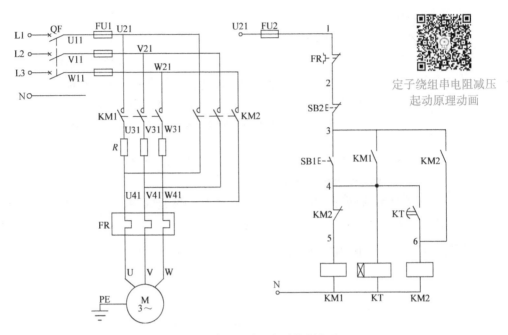

图 4-5　定子绕组串电阻减压起动控制电路

定子绕组串电阻减压
起动原理动画

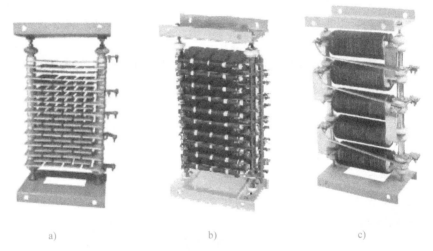

a)　　　　　　　　　　b)　　　　　　　　　　c)

图 4-6　起动电阻器外形

a)　ZX1 系列　b)　ZX2 系列　c)　ZX15 系列

每相串接的减压起动电阻可用以下经验公式计算：

$$R = 190 \times \frac{I_{st} - I'_{st}}{I_{st} I'_{st}} \tag{4-2}$$

式中　I_{st}——未串联电阻前的起动电流（A），一般取 $I_{st} = (4 \sim 7) I_N$；

I'_{st}——串联电阻后的起动电流（A），一般取 $I'_{st} = (2 \sim 3) I_N$；

I_N——电动机的额定电流（A）；

R——电动机每相绕组应串联的起动电阻值（Ω）。

每相电阻的功率为

$$P = I_{st}'^2 R \qquad (4-3)$$

由于起动电阻 R 只在起动时接入，而起动时间又很短，所以实际选用的电阻功率可为计算值的 $1/4 \sim 1/3$。

例　一台三相笼型异步电动机，功率为 20kW，额定电流为 38.4A，额定电压为 380V，各相应串联多大的起动电阻进行减压起动？

解：选取 $I_{st} = 6I_N = 6 \times 38.4A = 230.4A$

$$I_{st}' = 2I_N = 2 \times 38.4A = 76.8A$$

起动电阻值为

$$R = 190 \times \frac{I_{st} - I_{st}'}{I_{st}I_{st}'} = 190 \times \frac{230.4 - 76.8}{230.4 \times 76.8}\Omega \approx 1.65\Omega$$

起动电阻功率为

$$P = \frac{1}{3}I_{st}'^2 R = \frac{1}{3} \times 76.8^2 \times 1.65W \approx 3244W = 3.244kW$$

因此，选择 ZX2—1/0.2 型电阻器，其总阻值为 2.0Ω，额定电流为 42A，功率约为 3.5kW，即可满足要求。

定子串电阻减压起动不受电动机接线形式的限制，设备简单，但是能量损耗较大。为了节省能量可采用电抗器代替电阻，它的控制电路与电动机定子串电阻减压起动控制电路相同。

四、延边三角形减压起动控制电路

延边三角形减压起动是在每相定子绕组中引出一个抽头，电动机起动时将一部分定子绕组接成三角形联结，另一部分定子绕组接成星形联结，使整个绕组接成延边三角形，其绕组连接示意图如图 4-7 所示。经过一段时间，电动机起动结束后，再将定子绕组接成三角形全压运行。

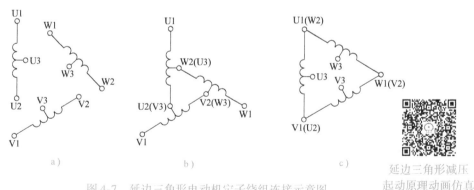

图 4-7　延边三角形电动机定子绕组连接示意图
a）原始状态　b）起动时　c）正常运转时

延边三角形减压起动原理动画仿真

电动机定子绕组作延边三角形接线时，每相定子绕组所承受的电压大于星形联结时的相电压，而小于三角形联结时的相电压，起动转矩大于丫—△减压起动时的转矩。但延边三角形减压起动方法仅适用于定子绕组有抽头的特殊三相交流异步电动机。延边三角形减压起动控制电路如图 4-8 所示。

其电路工作原理如下：

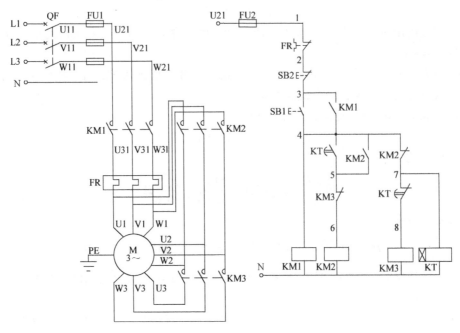

图4-8 延边三角形减压起动控制电路

合上断路器 QF，

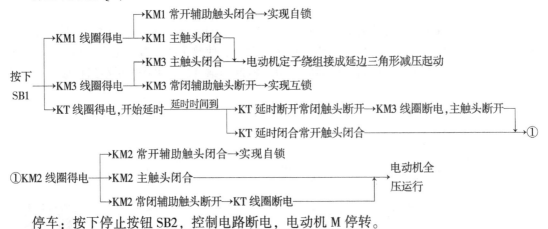

停车：按下停止按钮 SB2，控制电路断电，电动机 M 停转。

任务二 Υ—△减压起动控制电路安装与检修

一、系统图准备

1. 电气原理图

Υ—△减压起动控制电路电气原理图如图4-9所示，交流接触器、时间继电器线圈额定电压均为220V。

2. 电器布置图

Υ—△减压起动控制电路电器布置图如图4-10所示。

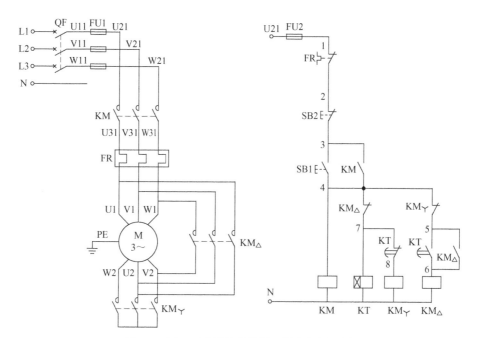

图 4-9 Y—△减压起动控制电路电气原理图

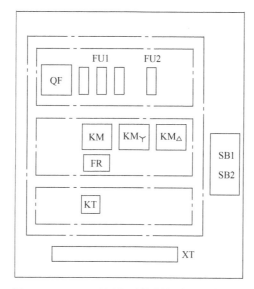

图 4-10 Y—△减压起动控制电路电器布置图

3. 电气接线图

自己绘制Y—△减压起动控制电路电气接线图。

二、器材准备

1. 电器元件明细表

Y—△减压起动控制电路所用电器元件见表4-1。

表 4-1 丫—△减压起动控制电路电器元件明细表

序号	名　　称	型号与规格	数　　量
1	三相异步电动机	Y112M—4,4kW,380V,8.8A	1 台
2	低压断路器	DZ47—32/3P D20,380V	1 个
3	交流接触器	CJX1—1222,线圈电压 220V	3 个
4	熔断器	RT18—32,500V,配 20A 和 4A 熔体	4 只
5	热继电器	JRS1—09—25/Z(LR2—D13),整定电流 9.6A,配底座	1 只
6	时间继电器	ST3P,额定电压 220V	1 只
7	按钮	LAY7 或 NP4—11BN,22mm,红色	1 只
8	按钮	LAY7 或 NP4—11BN,22mm,绿色	1 只
9	端子板	TB1510,600V	2 条
10	导轨	35mm × 200mm	若干
11	木螺钉	ϕ3mm × 20mm;ϕ3mm × 15mm	30 个
12	塑料软铜线	BVR1.5mm²、1mm²、0.75mm²(颜色自定)	若干
13	接地保护线(PE)	BVR1.5mm²,绿–黄双色	若干
14	编码套管	自定	若干
15	线槽	TC3025,长 34cm,两边打 ϕ3.5mm 孔	若干

2. 电器元件质量检查

按表 4-1 配齐所用电器元件,并进行质量检验。电器元件应完好无损,各项技术指标符合规定要求,否则应予以更换。

三、丫—△减压起动控制电路的安装

1. 绘制布置图和接线图

丫—△减压起动控制电路电器布置图如图 4-10 所示。根据电气原理图和布置图绘制出接线图。

2. 安装、布线

在控制板上按布置图安装电器元件,并贴上醒目的文字符号。在控制板上按接线图进行线槽布线。安装电器元件的工艺要求和线槽布线的工艺要求同项目二。

3. 安装电动机、连接外部的导线

安装电动机要做到牢固平稳,以防产生滚动而引起事故;连接电动机和按钮金属外壳的保护接地线;连接电动机、电源等控制板外部的导线。电动机连接线采用绝缘良好的橡胶皮导线。

4. 自检电路

安装完毕的控制板必须按如下要求进行认真检查,确保无误后才允许通电试车。

1)根据电气原理图、接线图从电源端开始逐段核对接线有无漏接、错接之处,检查导线接点是否符合要求,压接是否牢固,以免带负载运行时产生闪弧现象。

2)用万用表检查电路通断情况,用手动操作模拟触头分合动作。

5. 通电试车

上述各项检查完全合格后，清点工具材料，清除安装板上的线头杂物，检查三相电源，将热继电器的动作电流整定好。在一人操作一人监护下通电试车。试车结束后，断开电源，先拆除三相电源线，再拆除电动机负载线。

 **特别提示**

1）丫—△减压起动电路只适用于正常运行时定子绕组接成三角形联结的笼型异步电动机，并且定子绕组在三角形联结时的额定电压应等于三相电源线电压。

2）接线时，应先将电动机接线盒的连接片拆除，要保证三角形联结的正确性，即接触器 KM△ 主触头闭合时，应保证定子绕组的 U1 与 W2、V1 与 U2、W1 与 V2 相连接。

3）接线时应特别注意电动机的首尾端接线相序不可有错，如果接线有错，在起动和运行时电动机转向相反，电动机会因突然反转电流剧增而烧毁或造成掉闸事故。

4）通电前应检查熔体规格，热继电器、时间继电器的整定值是否符合要求。

5）由于电动机丫—△减压起动电路的起动转矩只有三角形联结时的 1/3，所以只适用于电动机轻载或空载起动。

职业安全提示

时间继电器的时间整定注意事项

1）起动时间过短，电动机的转速还未提升上来，这时如果切换到全压运行，电动机的起动电流将会很大，易造成电压波动；起动时间过长，电动机不能从星形接法切换到三角形接法运行，此时线电流不一定会超过热继电器的整定值，热继电器不会动作，但电动机绕组的电流却已超过额定值，电动机会因低电压大电流导致发热烧毁。

2）起动时间整定。为了防止起动时间过短或过长，时间继电器的初步时间确定一般按电动机功率整定，即 0.6～0.8s/kW。在现场可用钳形电流表观察电动机起动过程中的电流变化，当电流从刚起动时的最大值下降到不再下降时的时间，就是时间继电器的整定值。

四、电路故障分析与检修

丫—△减压起动的常见故障主要有以下几种。

1）星形联结时，接触器切换动作正常，但随后电动机发出异常声音，转速也急剧下降。

分析现象：接触器切换动作正常，表明控制电路接线无误。问题出现在接上电动机后，从故障现象分析，很可能是电动机主电路接线有误，使电路由星形联结转到三角形联结时，送入电动机的电源顺序改变了，电动机由正常起动突然变成了反序电源制动，强大的反向制动电流造成了电动机转速急剧下降和声音异常。

处理故障：核查主电路接触器及电动机接线端子的接线顺序。

2）电路空载试验工作正常，接上电动机试车时，起动电动机，电动机就发出异常声音，转子左右颤动，立即按停止按钮 SB2，停止时，KM△ 和 KM丫 的灭弧罩内有强烈的电弧现象。

分析现象：空载试验时接触器切换动作正常，表明控制电路接线无误。问题出现在接上电动机后，从故障现象分析是由于电动机断相所引起的。电动机在星形起动时有一相绕组未接入电路，造成电动机单相起动，由于断相，绕组不能形成旋转磁场，使电动机转轴的转向不定而左右颤动。

处理故障：检查接触器触头闭合是否良好，接触器及电动机端子的接线是否紧固。

3）空载试验时，按起动按钮 SB1，KM$_\triangle$ 和 KM$_\curlyvee$ 就"噼啪噼啪"反复切换不能吸合。

分析故障：一旦起动，KM$_\triangle$ 和 KM$_\curlyvee$ 就反复切换动作，说明时间继电器没有延时动作，按起动按钮 SB1，时间继电器线圈得电吸合，KT 延时触头也立即动作，造成了 KM$_\triangle$ 和 KM$_\curlyvee$ 的相互切换，不能正常起动。问题出现在时间继电器的触头上。

处理故障：检查时间继电器的接线，发现时间继电器的触头使用错误，接到时间继电器的瞬动触头上了，所以一通电触头就动作，将电路改接到时间继电器的延时触头上故障排除。

五、检修训练

1）在主电路设置一处电气故障，在控制电路设置两处电气故障。

2）学生检修。在检修的过程中，教师可进行启发性的示范指导。

3）学生互设故障，练习故障检修。

六、清理现场

实训结束后清理现场，收好工具、仪表，整理实训台。

七、项目评价

将本项目的评价与收获填入表 4-2 中。

表 4-2 项目的过程评价表

评价内容	任务完成情况	规范操作	参与程度	8S 执行情况
自评分				
互评分				
教师评价				
收获与体会				

任务三 认识软起动器控制电路

软起动器可广泛应用于工控领域，如矿山机械、化工造纸、自来水厂、城市排水、污水处理、消防给水、锅炉配套的循环泵及引风和鼓风机等机械系统配套的三相异步电动机的起动控制装置。

一、软起动器

1. 软起动器的作用、原理

软起动器特别适用于各种泵类负载或风机类负载，需要软起动和软停车但不需要调速的场合。目前的应用范围是交流 380V（或 660V），电动机功率从几千瓦到 800kW。

软起动器采用三相反向并联晶闸管作为调压器，通过控制其内部晶闸管的导通角使电动机输入电压从零开始以预设函数关系逐渐上升，直至起动结束，电动机进入全压运行。使用软起动器起动电动机时，晶闸管的输出电压逐渐增加，电动机逐渐加速，直到晶闸管全导通，电动机工作在额定电压的机械特性上，实现平滑起动，降低起动电流，避免起动过电流跳闸。

2. 接线

软起动器应用时串联于电源和电动机定子之间，如图 4-11 所示。

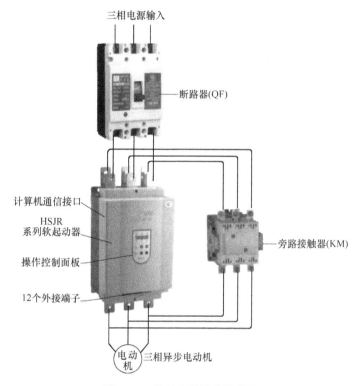

图 4-11　软起动器接线示意图

3. 软起动器的特点

笼型异步电动机的丫—△减压起动、自耦变压器减压起动、电抗器起动等传统起动方式都属于有级减压起动，在起动过程中会出现冲击电流。

软起动的起动特点是无冲击电流、恒流起动、可自由地无级调整至最佳的起动电流。电动机停转时，传统的控制方式都是通过瞬间停电完成的，而在许多应用场合，不允许电动机瞬间停转。高层建筑的水泵系统如果瞬间停机，会产生巨大的"水锤"效应，使管道甚至水泵遭到损坏。为了减少和防止"水锤"效应，需要电动机逐渐停转，即软停车，采用软起动器便能满足这一要求。在泵站中，应用软停车技术可避免泵站的"拍门"损坏，减少维修费用和维修工作量。

软起动器具有过载保护、断相保护、过热保护等功能。

二、软起动器控制柜

软起动器控制柜如图 4-12 所示。根据用途不同，一次线材料分为硬母线和绝缘导线两种。通常硬母线选用 TMY 矩形铜母线或 LMY 矩形铝母线，也可选用异型母线；绝缘导线选用 BVR 或 BV 聚氯乙烯导线，导线规格和颜色应符合图样或标准要求，多股导线应采用冷压端头进行连接，压接应牢固可靠。图 4-12a 所示电路的一次线采用母线进行安装，图 4-12b

所示一次线采用铜导线进行安装。

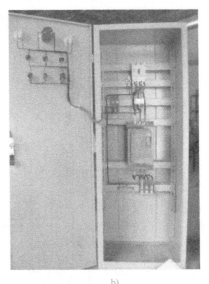

a)　　　　　　　　　　　　　　　　b)

图 4-12　软起动器控制柜

a) 一次线采用母排　b) 一次线采用铜导线

 职业标准链接

母线加工技术要求

1) 母线弯曲起点距母线接触面的边缘应不小于 30mm，母线弯曲起点距母线固定的边缘应不小于 25mm，多片母线的弯曲程度应一致。

2) 母线表面涂覆一般可用喷涂油漆，这样不仅可以提高母线的耐蚀能力，而且可以改善表面的散热效果，提高美观程度。

3) 母线的保护套管：如果母线的表面不进行油漆涂覆，也可以套 PVC 热缩套管或进行硫化处理。

4) 额定电流超过 630A 的铜母线在搭接部位要搪锡或镀银；额定电流在 630A 以下的铜母线在搭接部位允许不用镀层，但要涂导电膏或用其他措施保证其可靠连接。

5) 母线的标识及相序排列见图 4-13 及表 4-3。

图 4-13　母线的标识与相序排列

表4-3　母线的标识及相序排列

相　序	标识颜色	垂直位置	水平位置	下　引　线
L1（A）	黄	上	远	左
L2（B）	绿	中	中	中
L3（C）	红	下	近	右
N	淡蓝色	最下	最右	最近
PE 线	绿-黄双线			

阅读材料

导线截面积选择计算方法

1）对于铜芯导线电缆，当截面积大于等于 $10mm^2$ 时，承载电流密度为 $4\sim10A/mm^2$；大于 $10mm^2$ 且小于 $25mm^2$ 时，承载电流密度为 $2.5\sim5A/mm^2$；大于 $35mm^2$ 时，承载电流密度为 $1.5\sim4A/mm^2$。

2）在低压控制系统中，当相线截面积大于 $10mm^2$ 时，中性线截面积应为相线截面积的一半；当相线截面积小于等于 $10mm^2$ 时，中性线截面积应与相线截面积相同。

应知应会要点归纳

1）丫—△减压起动是指电动机起动时，把定子绕组接成星形联结，以降低起动电压，限制起动电流，待电动机起动后，再把定子绕组改接成三角形联结。

2）只有正常运行时定子绕组接成三角形联结的笼型异步电动机才可以采用丫—△减压起动的方法。

3）将电动机定子绕组接成星形联结，起动电流为三角形联结时的1/3，起动转矩也只有三角形联结时的1/3。

4）丫—△减压起动的起动时间确定：一般按电动机功率 $0.6\sim0.8s/kW$ 整定。

5）软起动器特别适用于各种泵类负载或风机类负载，需要软起动和软停车但不需要调速的场合。

6）使用软起动器起动电动机时，晶闸管的输出电压逐渐增加，电动机逐渐加速，直到晶闸管全导通，电动机工作在额定电压的机械特性上。

7）软起动器应用时串联于电源和电动机之间。

8）软起动的优点是无冲击电流、恒流起动、可自由地无级调整至最佳的起动电流。

应知应会自测题

一、单项选择题

1. 三相笼型异步电动机直接起动电流较大，一般可达额定电流的（　　）倍。

A. $2\sim3$　　　　　　　B. $3\sim4$　　　　　　　C. $4\sim7$　　　　　　　D. 10

2. 当异步电动机采用丫—△减压起动时，每相定子绕组承受的电压是三角形联结全压起动时的（　　）倍。

A. 2　　　　　　B. 3　　　　　C. $1/\sqrt{3}$　　　　　D. 1/3

3. 适用于电动机容量较大且不允许频繁起动的减压起动方法是（　　）减压起动。

A. Y—△　　　　B. 自耦变压器　　C. 定子串电阻　　D. 延边三角形

4. 三相异步电动机采用Y—△减压起动时，起动转矩是三角形联结全压起动时的（　　）倍。

A. $\sqrt{3}$　　　　　B. $1/\sqrt{3}$　　　　C. $\sqrt{3}/2$　　　　D. 1/3

5. 不希望异步电动机空载或轻载的主要原因是（　　）。

A. 功率因数低　　B. 定子电流较大　　C. 转速太高有危险　　D. 转子电流较大

二、判断题

1. 电源容量在180kV·A以上，电动机容量在7.5kW以下的三相异步电动机可直接起动。（　　）

2. 直接起动的优点是电气设备少、维修量小和电路复杂。（　　）

3. 采用定子串电阻减压起动的主要缺点是起动电流在起动电阻上的能量损耗过大。（　　）

4. 三相异步电动机采用自耦变压器以80%的抽头减压起动时，电动机的起动转矩是全压起动的80%。（　　）

5. 为了使三相异步电动机能采用Y—△减压起动，电动机在正常运行时，必须是三角形联结。（　　）

6. 三相异步电动机采用延边三角形减压起动时，每相绕组承受的电压比全压起动时小，比Y—△减压起动时大。（　　）

看图学知识

画面提示

图4-14所示为Y—△减压起动控制柜，可控制两台电动机的起动。

每一路用到的元器件有低压断路器、交流接触器、熔断器和时间继电器。

从低压断路器到接触器的一次线采用了母排连线。

由一次线的连接方式可以看出，从左到右三个交流接触器分别为KM、KM△、KMY。

Y—△减压起动控制
柜图片

图4-14　Y—△减压起动控制柜

三相异步电动机制动控制电路安装与调试

项目分析

任务一　电磁抱闸制动控制电路识读
任务二　能耗制动控制电路安装与调试
任务三　反接制动控制电路安装与调试

职业岗位应知应会目标

知识目标：
➤ 掌握三相异步电动机的制动方法及工作原理。
➤ 能正确选择变压器、整流桥等元器件，对能耗制动所用直流电源进行估算。
➤ 掌握速度继电器的结构、原理、符号及安装方法。

技能目标：
➤ 能根据原理图绘制接线图。
➤ 能按图熟练安装能耗制动电路。
➤ 能按图熟练安装反接制动电路。
➤ 能用万用表对电路进行通电前的检查。

职业素养目标：
➤ 乐观向上、规范操作、爱岗敬业。
➤ 环保意识、节约意识、协作意识。
➤ 职业精神、劳动精神、工匠精神。

项目职业背景

在现代工业生产过程中，往往要求电动机能够迅速停车或者机械设备能够准确定位，因此制动的方法尤为重要。电动机常用的制动方法有机械制动和电气制动两大类。

切断电源以后，利用机械装置使电动机迅速停转的方法称为机械制动。应用较普遍的机械制动装置有电磁抱闸和电磁离合器两种，它们的制动原理基本相同。

电气制动是使电动机产生一个与原来转子转动方向相反的制动转矩来使电动机迅速停车。常用的电气制动方法有能耗制动、反接制动和再生发电制动。

任务一 电磁抱闸制动控制电路识读

一、电磁抱闸制动器

1. 外形

单相交流制动电磁铁和闸瓦制动器外形如图5-1所示。

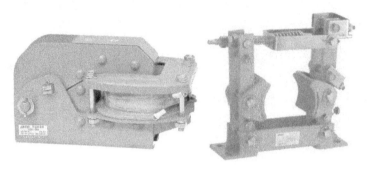

图5-1 单相交流制动电磁铁和闸瓦制动器外形

2. 结构、符号

电磁抱闸制动器的结构、符号如图5-2所示。

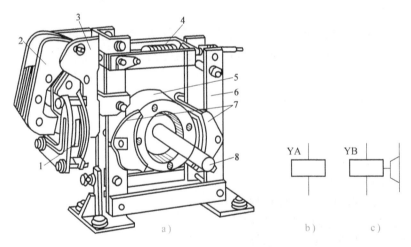

图5-2 电磁抱闸制动器的结构、符号

a）结构 b）电磁铁一般符号 c）电磁制动器符号

1—线圈 2—衔铁 3—铁心 4—弹簧 5—闸轮 6—杠杆 7—闸瓦 8—轴

电磁抱闸主要包括制动电磁铁和闸瓦制动器，分为断电制动型和通电制动型两种。因此，机械制动控制电路也有断电制动和通电制动两种。

断电制动型原理：当制动电磁铁的线圈得电时，制动器的闸瓦与闸轮分开，无制动作用；当线圈失电时，制动器的闸瓦紧紧抱住闸轮制动。

通电制动型原理：当制动电磁铁的线圈得电时，制动器的闸瓦紧紧抱住闸轮制动；当线圈失电时，制动器的闸瓦与闸轮分开，无制动作用。

3. 安装调试

1）电磁抱闸制动器必须与电动机一起安装在固定的底座上，其地脚螺栓必须拧紧，且有防松措施。

2）电动机轴伸出端上的制动闸轮必须与闸瓦制动器的抱闸机构在同一平面上，轴心要一致。

3）电磁抱闸制动器安装后，在不通电情况下，先进行粗调，以断电状态下外力转不动电动机的转轴，而当制动电磁铁吸合后，电动机转轴能自由转动为合格。

4）在通电试车时再进行微调，使电动机运转自如，以闸瓦与闸轮不摩擦、不过热，断电时又能立即制动为合格。

二、识读电气原理图

断电制动型电磁抱闸制动器控制电路如图 5-3 所示，图中 YB 为电磁抱闸制动器。

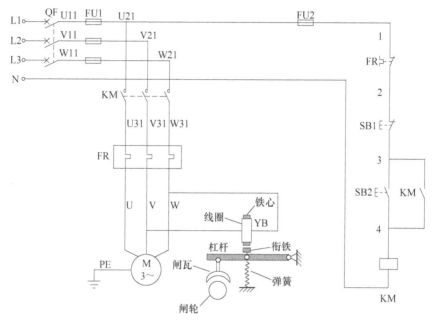

图 5-3　断电制动型电磁抱闸制动器控制电路

按下按钮 SB2，接触器 KM 线圈得电，其主触头闭合使电磁抱闸的电磁铁线圈得电，衔铁吸合，制动器闸瓦松开，电动机起动运转；停车时，按下 SB1，接触器 KM 线圈断电，其主触头断开，使电动机和电磁铁线圈同时断电，在弹簧力的作用下，闸瓦将安装在电动机转轴上的闸轮紧紧抱住，电动机迅速停转。

在电梯、起重、卷扬机等升降设备上通常采用断电制动，其优点是能够准确定位，同时可防止电动机突然断电或电路出现故障时重物自行坠落。在机床等生产机械中采用通电制动，以便在电动机未通电时可以用手扳动主轴以调整和对刀。

任务二　能耗制动控制电路安装与调试

印刷机械中的 J2102 型对开单色胶印机以及 LP1101 型全张单面凸版轮转印刷机等印刷设备，其主电动机的制动都是采用速度继电器来完成的。

一、识读电气原理图

1. 能耗制动工作原理

能耗制动是在切除三相交流电源的同时，在定子绕组的任意两相接通直流电源，转子转速接近零时再将其切除。这种制动方法实质上是把转子原来"储存"的机械能转变成电能消耗在转子上，因而叫作"能耗制动"。能耗制动工作原理如图 5-4 所示。

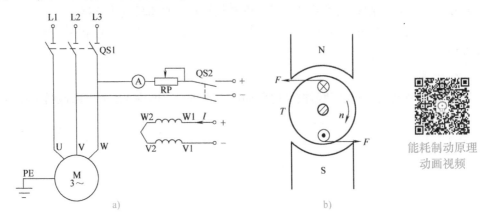

图 5-4　能耗制动工作原理

当定子绕组通入直流电时，在电动机中将产生一个恒定磁场。转子因机械惯性继续旋转时，转子导体切割这个恒定磁场，在转子绕组中产生感应电动势和感应电流，用右手定则可以判别感应电流的方向，如图 5-4b 所示（$\otimes$、$\odot$ 表示感应电流方向）。通电导体在恒定磁场中会受到力的作用，产生电磁转矩（作用力的方向用左手定则判定）。由图 5-4b 可见，电磁转矩的方向与转子转动的方向相反，为制动转矩。在制动转矩作用下，转子转速迅速下降。

2. 能耗制动控制电路分析

对于 10kW 以下的小功率电动机，可以采用无变压器单相半波整流电路得到制动直流电源；而对于 10kW 以上的电动机，多采用有变压器的单相桥式整流电路得到制动直流电源，如图 5-5 所示。

控制电路工作原理如下：

合上断路器 QF 后，按下 SB1，KM1 线圈得电，电动机起动运转。当需要停车时，按下 SB2，接触器 KM1 断电，接触器 KM2 和时间继电器 KT 得电并自锁，在电动机定子绕组中通入经桥式整流后得到的直流电，形成一个恒定磁场。电动机转子在惯性作用下继续转动时切割该恒定磁场，从而在转子绕组中产生感应电流，使转子受到一个与惯性转动方向相反的力，从而使转速下降。待时间继电器的整定时间到，其延时断开常闭触头断开，KM2 和 KT 线圈断电，制动结束。

图中 KT 的瞬时闭合常开触头的作用：当发生 KT 线圈断线或机械卡住等故障时，按下 SB2 后能迅速制动，从而避免三相定子绕组中长期接入能耗制动的直流电源。

能耗制动的优点是制动准确平稳，且能量消耗较小；其缺点是需附加直流电源装置，设备费用较高，制动力较弱。因此，能耗制动一般用于要求制动准确、平稳的场合。

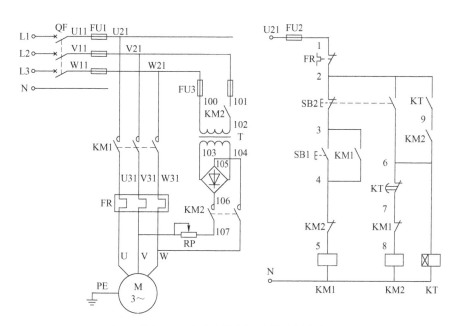

图5-5　采用单相桥式整流电路的能耗制动控制电路

3. 直流电源估算

直流电源估算步骤如下：

1）测量电动机三相电源进线中任意两根之间的电阻 R。

2）测量出电动机的进线空载电流 I_0。

3）能耗制动所需的直流电流 $I_L = KI_0$，所需直流电压 $U_L = I_L R$（V）。其中 K 是系数，一般取 3.5 ~ 4。

4）单相桥式整流电源变压器二次电压和电流有效值为

$$U_2 = U_L/0.9 \text{（V）} \tag{5-1}$$

$$I_2 = I_L/0.9 \text{（A）} \tag{5-2}$$

变压器容量为

$$S = U_2 I_2 \text{（V·A）} \tag{5-3}$$

如果制动不频繁，可取变压器实际容量为

$$S' = (1/4 \sim 1/3)S \tag{5-4}$$

5）电位器 RP 阻值约为 2Ω，功率 $P_{RP} = I_L^2 R_{RP}$，实际选用时功率也可以小些。

二、器材准备

请参照前面的项目，自己写出能耗制动控制电路所用的元器件明细表。

三、电路安装调试

1. 绘制布置图、接线图

自己绘制出电器布置图和电气接线图。

2. 安装、接线

在控制板上按原理图和接线图进行安装、布线。安装电器元件的工艺要求同项目一，线槽布线的工艺要求同项目二。

3. 安装电动机、连接外部的导线

安装电动机做到安装牢固平稳，以防在换向时电动机产生滚动而引起事故；连接电动机和按钮金属外壳的保护接地线；连接电动机、电源等控制板外部的导线。电动机连接线采用绝缘性能良好的橡皮绝缘导线。

4. 自检电路

安装完毕的控制电路必须按要求认真检查，确保无误后才允许通电试车。

（1）检查导线连接的正确性　按电路图、接线图从电源端开始逐段核查导线有无漏接、错接之处，检查导线接点是否符合要求，压接是否牢固。

（2）用万用表检查电路通断　用手动操作模拟触头分合动作，并用万用表分别检查主电路和控制电路通断情况。

5. 通电试车

电路检查完全合格后，清点工具材料，清除安装板上的线头杂物，检查三相电源，将热继电器按照电动机的额定电流整定好，在一人操作一人监护下通电试车，具体步骤如下：

1）连接好电源。

2）提醒同组人员注意。

3）通电试车，如出现故障按下急停按钮，重新检测，排除故障。

4）通电试车后，断开电源，拆除导线，整理工具材料和操作台。

 特别提示

> 1）时间继电器的整定时间不要过长，以免制动时间过长引起定子绕组发热。
> 2）整流二极管要配装散热器和固定散热器支架。
> 3）制动电阻要安装在控制板的外面。
> 4）进行制动时，停止按钮SB2要按到底。

任务三　反接制动控制电路安装与调试

一、识读电气原理图

1. 反接制动工作原理

反接制动是通过改变电动机定子绕组中三相电源的相序，产生一个与转子转动方向相反的电磁转矩，从而使电动机迅速停转。反接制动工作原理如图5-6所示。

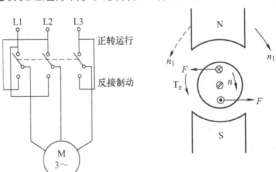

反接制动原理
动画视频

图5-6　反接制动工作原理

必须指出，当电动机的转速接近于零时，应立即切断电源，否则电动机将反向起动。

2. 反接制动控制电路分析

单向运行的反接制动控制电路如图 5-7 所示。

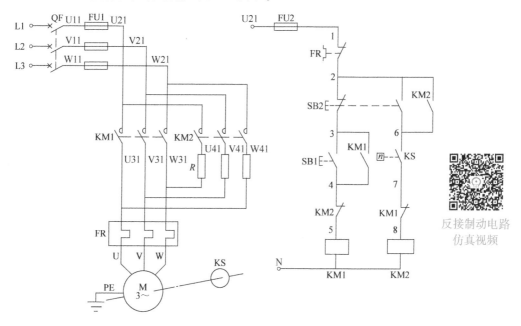

图 5-7　单向运行的反接制动控制电路

（右下方为二维码及文字）反接制动电路仿真视频

由于反接制动时的制动电流一般约为额定电流的 10 倍，比直接起动时的起动电流还要大，因而必须对反接制动电流加以限制，为此在主电路中需要串入限流电阻 R。

控制电路的工作原理如下。

合上断路器 QF 后，按下按钮 SB1，接触器 KM1 线圈得电，其主触头闭合，电动机得电运转，同时 KM1 常开辅助触头闭合自锁，常闭辅助触头断开，使 KM2 线圈不能得电。电动机转速升高到一定数值后，速度继电器 KS 的常开触头闭合，为反接制动接触器 KM2 接通做好准备。停车时，按下 SB2，KM1 线圈断电，KM1 的主触头和常开辅助触头断开，常闭辅助触头闭合，进而 KM2 线圈得电，KM2 主触头闭合，串入限流电阻 R，并将电源换相后接到电动机的定子绕组上，产生一个与转向相反的电磁转矩，使电动机转速迅速下降；当转速下降到接近 100r/min 时，速度继电器的常开触头断开，接触器 KM2 线圈断电，制动结束。

反接制动的优点是制动力强、制动迅速，缺点是制动准确性差，制动过程中冲击力强、易损坏传动零件，且制动能量消耗较大。因而反接制动一般用于要求迅速制动、系统惯性较大、不经常起动与制动的场合。

反接制动时，由于旋转磁场与转子的相对速度很高，所以转子绕组中产生的感应电流很大，从而使定子绕组中的电流也很大，一般约为电动机额定电流的 10 倍。因此，反接制动适用于 10kW 以下小功率电动机的制动，并且对 4.5kW 以上的电动机进行反接制动时，需在定子电路中串入限流电阻 R，以限制反接制动电流。限流电阻 R 的大小可按如下经验公式估算：

1）在电源电压为 380V 时，若要使反接制动电流等于电动机直接起动电流的 1/2，则每相应串入的反接制动电阻 R 值可取为

$$R \approx 1.5 \times \frac{200}{I_{st}} \qquad (5\text{-}5)$$

2）若要使反接制动电流等于电动机直接起动电流，则每相应串入的反接制动电阻 R 值可取为

$$R' \approx 1.3 \times \frac{220}{I_{st}} \qquad (5\text{-}6)$$

二、器材准备

请参照前面的项目，列出反接制动控制电路所需的元器件明细表。

三、速度继电器的认识与检测

速度继电器是一种以转速为输入量的非电信号检测电器，它能在被测转速升或降至某一预设值时输出开关信号。它是靠电磁感应原理实现触头动作的，主要用于笼型异步电动机的反接制动控制，因而又称为反接制动继电器。

1. 外形、结构、符号

速度继电器的外形、结构、符号如图 5-8 所示。速度继电器主要由转子、定子和触头等部分组成。速度继电器的转子是一个圆柱形永久磁铁，转子的轴与电动机的轴通过联轴器相连，随电动机旋转而旋转。定子是一个笼形空心圆环，由硅钢片叠成，并装有笼型绕组。

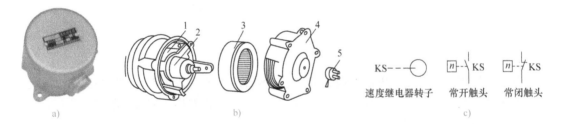

图 5-8　速度继电器的外形、结构、符号

a）外形　b）结构　c）符号

1—可动支架　2—转子　3—定子　4—端盖　5—连接头

速度继电器三维模型

2. 原理

速度继电器触头系统及原理示意图如图 5-9 所示。

当电动机转动时，速度继电器转子随之转动产生一个旋转磁场，定子中的笼型绕组切割磁力线而产生感应电流。定子绕组在旋转磁场的作用下产生电磁转矩，定子因受力而跟随转动，与定子相连的胶木摆杆也随之偏转。当达到一定转速时，摆杆推动簧片触头运动，使常闭触头分断，常开触头闭合。一般速度继电器都具有两组转换触头，正转时胶木摆杆偏向一侧，使该侧的常开常闭触头状态改变，反转时胶木摆杆偏向另一侧，使另一侧的常开常闭触头状态改变。

当电动机转速低于某一数值时，定子产生的转矩减小，触头在簧片作用下复位。通常速度继电器的转轴在 120r/min 左右的转速下即能动作，在 100r/min 的转速以下触头即能回到正常位置。

常用的速度继电器有 JY1 型和 JFZ0 型两种。其中 JY1 型可在 700～3600 r/min 范围内工作，JFZ0 - 1 型速度继电器的工作范围为 300～1000r/min，JFZ0 - 2 型速度继电器的工作范

围为 1000~3000r/min。图 5-10 所示为 JY1 型速度继电器铭牌,其额定电压为 500V,额定电流为 2A。

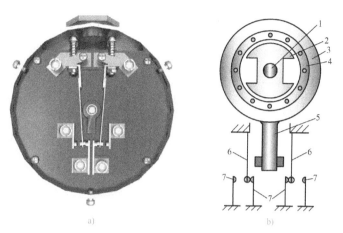

速度继电器动作
原理动画视频

图 5-9　速度继电器触头系统及原理示意图

a)触头系统结构图　b)速度继电器原理示意图

1—转轴　2—转子(永磁铁)　3—定子　4—定子绕组　5—胶木摆杆　6—簧片(动触头)　7—静触头

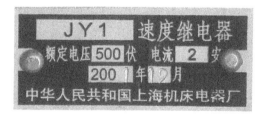

图 5-10　JY1 型速度继电器铭牌

3. 接线

仔细观察图 5-9a 所示速度继电器触头系统结构,分清常开触头和常闭触头。接线时,正反向的触头不能接错,否则不能起到反接制动时接通和断开反向电源的作用。

4. 安装及选择

1)安装时,采用速度继电器转轴的连接头与电动机转轴直接连接的方法,并使两轴中心线重合。

2)速度继电器的金属外壳应可靠接地。

3)速度继电器主要根据电动机的额定转速来选择。

四、电路安装调试

1. 绘制布置图、接线图

自己绘制电器布置图和电气接线图。

2. 安装、接线

在控制板上按原理图和接线图进行安装、布线。安装电器元件的工艺要求同项目一,线槽布线的工艺要求同项目二。

3. 安装电动机、连接外部导线

电动机应安装牢固平稳，以防在换向时电动机产生滚动而引起事故；连接电动机和按钮金属外壳的保护接地线；连接电动机、电源等控制板外部的导线。电动机连接线采用绝缘性能良好的橡胶外皮导线。

4. 自检电路

安装完毕的控制电路，必须按要求认真检查，确保无误后才允许通电试车。

（1）检查导线连接的正确性　按电路图、接线图从电源端开始逐段核查导线有无漏接、错接之处，检查导线接点是否符合要求，压接是否牢固。

（2）用万用表检查电路通断　用手动操作模拟触头分合动作，并用万用表分别检查主电路和控制电路通断情况。

5. 通电试车

电路检查完全合格后，清点工具材料，清除安装板上的线头杂物，检查三相电源，将热继电器按照电动机的额定电流整定好，在一人操作一人监护下通电试车，具体步骤如下：

1）连接好电源。

2）提醒同组人员注意。

3）通电试车，如出现故障按下急停按钮，重新检测，排除故障。

4）通电试车后，断开电源，拆除导线，整理工具材料和操作台。

 职业标准链接

速度继电器的调整

1）将图5-9中调整螺钉旋紧，弹性动触片弹性增大，这样速度较高时，速度继电器才动作。

2）将调整螺钉向上旋，弹性动触片弹性减小，速度较低时速度继电器就能动作。

3）调整好后必须将螺母锁紧，以防螺钉松动。

五、清理现场

实训结束后清理现场，收好工具、仪表，整理实训台。

六、项目评价

将本项目的评价与收获填入表5-1中。其中规范操作一项可对照附录B给出的控制电路安装与调试评分标准进行评分。

表5-1　项目的过程评价表

评价内容	任务完成情况	规范操作	参与程度	8S执行情况
自评分				
互评分				
教师评价				
收获与体会				

阅读材料

导线与冷压端子的连接

需要导线与螺钉连接的场合，为了增大接触面积，使连接可靠，一般需要将导线与冷压端子连接。连接导线与冷压端子的常用工具有偏口钳、剥线钳、压线钳等，常用材料有 U 形端子、针形端子、O 形端子和导线。所用工具和材料如图 5-11 所示。

剥线钳剥线
动画视频

图 5-11　偏口钳、剥线钳、压线钳及冷压端子

操作步骤如下：

（1）剥削导线　一般直径为 0.5～2.5mm 的导线可用剥线钳剥削，使用如图 5-12a 所示剥线钳时，选择与导线粗细合适的钳口，压紧钳柄去掉绝缘皮。也可用偏口钳进行剥削，如图 5-12b 所示。

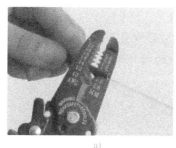 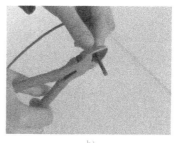

a)　　　　　　　　　　　　　　b)

图 5-12　剥削导线

a）用剥线钳剥削导线　b）用偏口钳剥削导线

（2）用压接钳压接 U 形插头

1）U 形插头压接成型。导线放入 U 形插头，要求两边都留有 1～2mm 的铜线，用压接钳压紧，如图 5-13 所示。

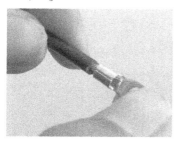 

图 5-13　U 形插头压接过程

2) U形端子及应用场合。U形端子常用于图5-14所示的瓦形接线桩。

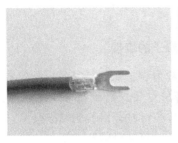

图5-14　U形端子及应用场合

（3）用压接钳压接针形端子

1) 针形端子压接过程。针形端子压接时导线要超出端子一段，如图5-15所示，压接后再剪去多余的线头。

图5-15　针形端子压接过程

2) 针形端子及应用场合。针形端子适用于玻璃电表箱、LED灯具配件、继电保护、电力电子、配电柜和机床电器等成套设备插孔较细的接线端子处，如图5-16所示。

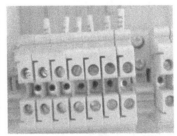

图5-16　针形端子及应用场合

（4）O形端子　O形端子多用于振动比较强的元器件的下接线端，如图5-17所示。

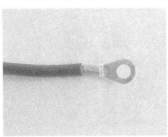

图5-17　O形端子及应用场合

应知应会要点归纳

1) 电动机常用的制动方法有机械制动和电气制动两大类。

2) 切断电源以后，利用机械装置使电动机迅速停转的方法称为机械制动。

3) 电气制动是使电动机产生一个与原来转子的转动方向相反的制动转矩来使电动机迅速停车。

4) 常用的电气制动方法有能耗制动、反接制动和再生发电制动。

5) 电磁抱闸主要包括制动电磁铁和闸瓦制动器，又分为断电制动型和通电制动型两种。

6) 能耗制动是在切除三相交流电源的同时，在定子绕组的任意两相接通直流电源，转子转速接近零时再将其切除。

7) 能耗制动的优点是制动准确平稳，且能量消耗较小，一般用于要求制动准确、平稳的场合。

8) 反接制动是靠改变电动机定子绕组中三相电源的相序，产生一个与转子转动方向相反的电磁转矩，从而使电动机迅速停转。

9) 反接制动一般用于要求迅速制动、系统惯性较大、不经常起动与制动的场合。

应知应会自测题

一、单项选择题

1. 反接制动时，旋转磁场与转子相对的运动速度很大，致使定子绕组中的电流一般为额定电流的（　　）倍左右。

A. 5　　　　　　　　B. 7　　　　　　　　C. 10　　　　　　　　D. 15

2. 反接制动时，旋转磁场反向转动，与电动机的转动方向（　　）。

A. 相反　　　　　　B. 相同　　　　　　C. 不变　　　　　　D. 垂直

3. 起重机电磁抱闸制动原理属于（　　）制动。

A. 电力　　　　　　B. 机械　　　　　　C. 能耗　　　　　　D. 反接

4. 三相异步电动机的能耗制动是向三相异步电动机定子绕组中通入（　　）电。

A. 单相交流　　　B. 三相交流　　　C. 直流　　　　　D. 反相序三相交流

5. 三相异步电动机采用能耗制动，切断电源后，应将电动机（　　）。

A. 转子电路串电阻　　　　　　　　B. 定子绕组两相绕组反接

C. 转子绕组进行反接　　　　　　　D. 定子绕组送入直流电

6. 对于要求制动准确、平稳的场合，应采用（　　）制动。

A. 反接　　　　　　B. 能耗　　　　　　C. 电容　　　　　　D. 再生发电

二、判断题

1. 反接制动由于制动时对电动机产生的冲击较大，因此应串入限流电阻，而且仅用于小功率异步电动机。（　　）

2. 三相异步电动机的机械制动一般常采用电磁抱闸制动。（　　）

3. 需要制动准确平稳的场合一般采用能耗制动。（　　）

4. 需要快速停车的场合一般采用能耗制动。　（　）

5. 在电梯、起重机、卷扬机等升降设备上，通常采用通电抱闸的制动方式。（　）

6. 反接制动具有制动准确度高、制动力强、制动迅速等优点。（　）

三、综合题

分析图 5-18 所示的双重联锁正反转运行能耗制动控制电路，写出电路工作过程。

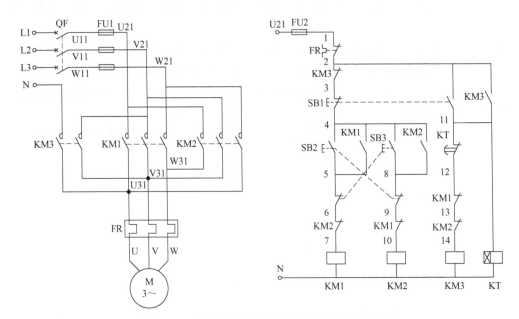

图 5-18　双重联锁正反转运行能耗制动控制电路

看图学知识

画 面 提 示

在图 5-19 中，绝缘层剥得过长（露铜部分不应超过 0.2mm）。

为了连接可靠，导线与接线桩的连接应加冷压端子。

线号标注不规范。

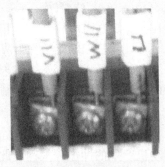

图 5-19　观察上图中有哪些不规范之处

项目六

双速电动机控制电路安装与调试

职业岗位应知应会目标

知识目标：
➤ 了解双速电动机的内部结构。
➤ 分析双速电动机控制电路的工作原理。

技能目标：
➤ 能用万用表对元器件进行检测。
➤ 能正确安装与调试双速电动机控制电路。
➤ 能用万用表对电路进行通电前的检查。

职业素养目标：
➤ 规范操作、诚实守信、爱国情感。
➤ 环保意识、节约意识、质量意识。
➤ 追求卓越、工匠精神、劳动精神。

项目职业背景

根据异步电动机的转速公式

$$n = n_1(1-s) = \frac{60f_1}{p}(1-s) \tag{6-1}$$

可知，异步电动机有三种基本调速方法：改变定子磁极对数 p 调速、改变电源频率 f_1 调速、改变转差率 s 调速，即变极调速、变频调速和变转差率调速。

改变电动机的磁极对数，通常由改变电动机定子绕组的接线方式来实现，且只适用于笼型异步电动机。凡磁极对数可改变的电动机称为多速电动机，常见的多速电动机有双速、三速、四速等几种类型，其调速方法属于有级调速。由于电力电子、计算机控制技术的进步，使得交流变频调速技术发展很快，成为未来调速的主要方向，但是目前存在的一些三相异步电动机调速装置在工业现场仍然被广泛使用。本项目主要对双速电动机控制电路进行介绍。

任务一　双速电动机手动控制电路识读

一、双速异步电动机变速原理

几种常见的双速异步电动机外形如图 6-1 所示。

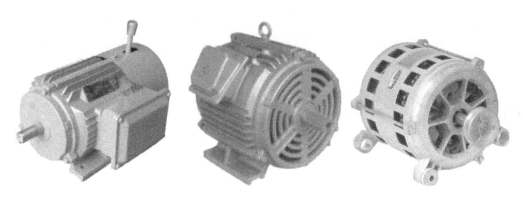

图 6-1　几种常见的双速异步电动机外形

　4/2 极双速电动机定子绕组接线图如图 6-2 所示。三相定子绕组可接成△联结和丫丫联结。双速电动机定子绕组共有 6 个出线端，分别为 U1、V1、W1、U2、V2、W2。通过改变这 6 个出线端与电源的连接方式，就可以得到两种不同的转速。

　其中图 6-2a 所示定子绕组采用△联结，即出线端 U2、V2、W2 悬空，U1、V1、W1 接三相电源，此时电动机为 4 极，同步转速为 1500r/min，电动机低速运转。图 6-2b 所示定子绕组采用丫丫联结，出线端 U1、V1、W1 接在一起，U2、

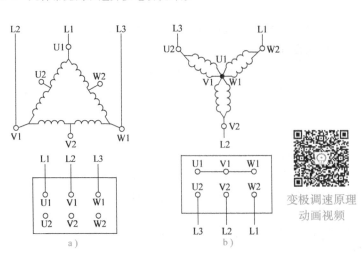

变极调速原理
动画视频

图 6-2　4/2 极双速电动机定子绕组接线图
a) △联结（4 极）—低速　b) 丫丫联结（2 极）—高速

V2、W2 接三相电源，这时电动机为 2 极，同步转速为 3000r/min，电动机高速运转。

💡 **特别提示**

　双速电动机定子绕组从一种接法变为另一种接法时，应同时改变电源相序，以保证旋转方向不变。

二、双速电动机手动控制电路图识读

转换开关控制双速电动机控制电路如图 6-3 所示，采用转换开关 SA 来选择高速或低速运行。SA 在高速位置时可以实现先低速起动，然后转高速运行，以减少高速起动时的起动电流，适用于功率较大的电动机起动及调速控制。

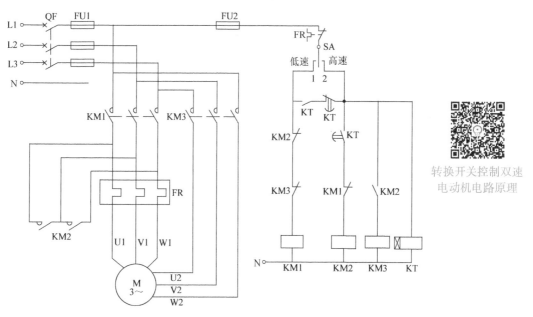

转换开关控制双速电动机电路原理

图 6-3 转换开关控制双速电动机控制电路

电路工作原理如下：

低速运行：将转换开关 SA 扳到低速位置，KM1 线圈得电，KM1 主触头闭合、常闭辅助触头断开，实现与 KM2 的互锁，KM2 和 KM3 线圈均不得电，双速电动机作 △ 联结，电动机低速运行。

高速运行：将转换开关 SA 扳到高速位置，KT 线圈得电，KT 瞬动常开触头闭合，KM1 线圈得电，电动机低速起动运行。KT 延时时间到，KT 延时断开常闭触头断开，KM1 线圈断电，主触头断开，常闭辅助触头恢复闭合，KT 延时闭合常开触头闭合，KM2、KM3 线圈得电，KM2、KM3 常闭辅助触头断开，实现与 KM1 互锁，KM2、KM3 主触头闭合，双速电动机作 丫丫 联结，电动机高速运转。

停车：将转换开关扳到空挡位置，无论电动机原来处于低速还是高速运转，控制电路断电，电动机停转。

任务二 双速电动机控制电路安装与调试

一、识读电气原理图

双速电动机自动控制电路采用按钮和时间继电器控制双速电动机低速起动、高速运行。双速电动机自动控制电路如图 6-4 所示。

电路工作原理如下：

合上电源开关 QF,

低速控制:

按下 SB2→KM1 线圈得电——→KM1 主触头闭合→定子绕组接成 △ 联结,电动机低速运转

　　　　　　　　　　　　──→KM1 常开辅助触头闭合自锁

　　　　　　　　　　　　──→KM1 常闭(互锁) 触头断开→使 KM3、KM2 线圈不得电

高速控制:

按下 SB3→KT、KA 线圈得电——→KA 常开触头闭合自锁

　　　　　　　　　　　　　──→KT 瞬动触头闭合→KM1 线圈得电,定子绕组为 △ 联结,
　　　　　　　　　　　　　　　　　　　　　　　电动机低速起动

KT 延时时间到——→KT 延时断开常闭触头断开→KM1 线圈断电──→KM3、KM2 定子绕组为 丫丫联结,
　　　　　　　　　　　　　　　　　　　　　　　　　　　　线圈得电 电动机高速运转
　　　　　　　└─→KT 延时闭合常开触头闭合──────────────┘

其中的细节描述:

1) KM1 线圈断电──→KM1 常闭辅助触头闭合

　　　　　　　　──→KM1 主触头断开→△ 联结断开

　　　　　　　　──→KM1 常开辅助触头断开→解除自锁

2) KM3、KM2 线圈得电──→KM2、KM3 常闭辅助触头断开→实现互锁

　　　　　　　　　　　──→KM2、KM3 主触头闭合→定子绕组为丫丫联结,电动机高速运转

停车过程: 按下 SB1 ──→控制电路断电──→电动机停转。

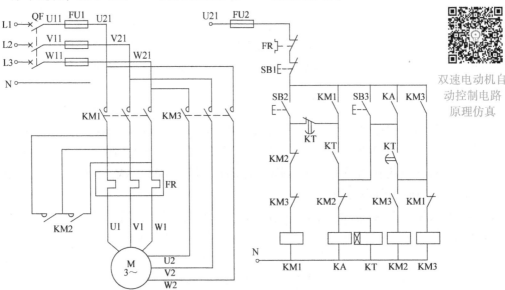

图 6-4　双速电动机自动控制电路

双速电动机自
动控制电路
原理仿真

二、器材准备

1. 电器元件明细表

识读图 6-4,熟悉电路所用各电器元件的原理、作用及使用注意事项。根据电动机的型号及参数选用各电器元件及导线规格,表 6-1 仅供参考。

表 6-1 双速电动机自动控制电路元器件明细表

序号	名　称	型号与规格	数　量
1	双速异步电动机	YD112M—4/2,3.3kW/4kW,380V,1450r/min 或 2890r/min	1 台
2	低压断路器	DZ47—32/3P D20,380V	1 个
3	时间继电器	ST3P,220V	1 只
4	熔断器	RT18—32,500V,配 20A 熔体和 4A 熔体	4 只
5	中间继电器	HH53P/A,220V	1 只
6	交流接触器	CJX1—1222,线圈电压 220V	3 个
7	热继电器	JR36—20 整定电流 9.6A	1 只
8	按钮	LAY7 或 NP4—11BN,22mm,2 绿 1 红,5A	3 只
9	端子板	JX2—1515,500V,10A、15 节或配套自备	1 条
10	导轨	宽 35mm	若干
11	木螺钉	$\phi3mm \times 20mm$;$\phi3mm \times 15mm$	30 个
12	平垫圈	$\phi4mm$	30 个
13	塑料软铜线	BVR2.5mm^2,BVR1.5mm^2(颜色自定)	若干
14	塑料软铜线	BVR0.75mm^2(颜色自定)	若干
15	接地保护线(PE)	BVR1.5mm^2(绿-黄双色)	若干
16	编码套管	自定	若干
17	行线槽	TC3025,长 34cm,两边打 $\phi3.5mm$ 孔,塑料	若干

2. 检查电器元件

检查所用的电器元件,要求外观应完整无损,附件、备件齐全。

3. 使用工具检测

用万用表、绝缘电阻表检测电器元件及电动机的有关技术数据是否符合要求。

三、双速电动机自动控制电路的安装

按照原理图（见图 6-4）编写安装步骤,画出布置图和接线图,写出安装工艺,经教师审查合格后开始安装。

特别提示

1) 在主电路中,接触器 KM1 和 KM3 接线时,要注意电源引入相序的改变。

2) 控制△联结的 KM1 和丫丫联结的 KM3 主触头不能对换接错,否则会在切换为丫丫联结时造成电源短路。

3) 热继电器 FR 的整定电流要符合电动机工作要求。

4) 可以通过听电动机运转时发出的声音判断转速的高低,也可以用转速表测量转速的高低。

5) 用万用表对电路进行检查测试无误后,在教师的监护下通电试车。

6) 试车时,注意观察电动机转速的变化,同时要做到安全文明生产。

四、清理现场

实训结束后清理现场，收好工具、仪表，整理实训台。

五、项目评价

将本项目的评价与收获填入表6-2中。其中规范操作一项可对照附录B给出的控制电路安装与调试评分标准进行评分。

表6-2　项目的过程评价表

评价内容	任务完成情况	规范操作	参与程度	8S执行情况
自评分				
互评分				
教师评价				
收获与体会				

阅读材料

电磁调速异步电动机控制

电磁调速异步电动机又称为滑差电动机，它是一种恒转矩交流无级变速电动机。由于它具有调速范围广、速度调节平滑、起动转矩大、控制功率小、有速度负反馈、自动调节系统时机械特性硬度高等一系列优点，因此在印刷机及骑马订书机、无线装订、高频烘干联动机、链条锅炉炉排控制中都得到了广泛应用。

电磁调速异步电动机由普通笼型异步电动机、电磁滑差离合器和电气控制装置三部分组成。笼型异步电机作为原动机使用，当它旋转时带动离合器的电枢一起旋转，电气控制装置是提供滑差离合器励磁线圈励磁电流的装置。电磁调速异步电动机外形如图6-5所示。

图6-5　电磁调速异步电动机外形

按照电磁调速异步电动机附带的说明书进行接线。下面以某品牌为例简要介绍电磁调速异步电动机的使用方法。

图6-6中左上角为JD1系列电磁调速异步电动机装置，其控制器面板布置如图6-7所示。JD1A型控制器的七芯航空插头接线图如图6-8所示。

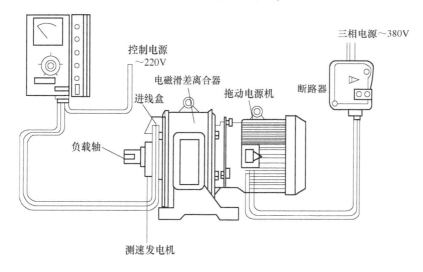

图6-6 JD1系列电磁调速异步电动机装置接线示意图

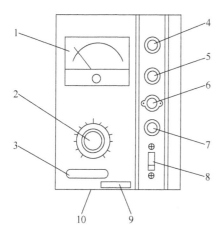

图6-7 控制器面板布置图

1—转速表 2—转速调节电位器 3—型号名称
4—反馈量调节 5—转速表校准 6—熔断器
7—电源指示灯 8—主令开关 9—公司名称
10—七芯航空插座

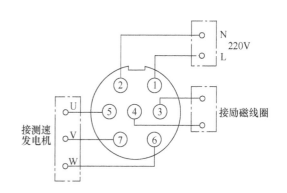

图6-8 JD1A型控制器的七芯航空插头接线图

应知应会要点归纳

1）异步电动机有三种基本调速方法：变极调速、变频调速和变转差率调速。

2）4/2极双速电动机，三相定子绕组可接成△联结和丫丫联结，△联结时为4极，对应低速；丫丫联结时为2极，对应高速。

3）双速电动机定子绕组从一种接法变为另一种接法时，应同时改变电源相序，以保证旋转方向不变。

应知应会自测题

一、单项选择题

1. 三相异步电动机的调速方法有（　　）种。

A. 2　　　　　　　　B. 3　　　　　　　　C. 4　　　　　　　　D. 5

2. 三相异步电动机变极调速的方法一般只适用于（　　）。

A. 笼型异步电动机　　　　　　　　B. 绕线转子异步电动机

C. 同步电动机　　　　　　　　　　D. 电磁调速异步电动机

3. 双速电动机的调速属于（　　）调速方法。

A. 变频　　　　　　B. 改变转差率　　　C. 改变磁极对数　　D. 降低电压

4. 定子绕组作△联结的4极电动机，接成丫丫联结后，磁极对数为（　　）。

A. 1　　　　　　　　B. 2　　　　　　　　C. 4　　　　　　　　D. 5

二、判断题

1. 三相异步电动机的变极调速属于无级调速。（　　）

2. 改变三相异步电动机磁极对数的调速称为变极调速。（　　）

3. 4/2极双速电动机，接成4极时对应高速。（　　）

4. 三相异步电动机有变极调速、变频调速和变转差率调速三种调速方法。（　　）

看图学知识

画面提示

图6-9所示变频器主要用来控制设备运行的速度，也可以降低电动机的起动电流。变频器会根据负载情况输出功率，所以使用变频器节能。

图6-9　变频器

由于变频器工作时会产生高次谐波，对周围的用电设备产生干扰等电磁兼容问题，因此可以加电抗滤波器以消除高次谐波的影响。

绕线转子异步电动机控制电路安装与调试

项目分析

任务一　认识绕线转子异步电动机的结构及起动方法
任务二　转子串电阻起动控制电路安装与调试
任务三　转子串频敏变阻器起动控制电路安装与调试

职业岗位应知应会目标

知识目标：
➤了解绕线转子异步电动机的结构，掌握其工作原理。
➤掌握绕线转子异步电动机的起动方法。
技能目标：
➤能正确安装转子串频敏变阻器起动控制电路。
➤能用万用表对电路进行通电前的检测。
职业素养目标：
➤爱岗敬业、职业规范、信息素养。
➤环保意识、节约意识、协作意识。
➤创新精神、劳动精神、工匠精神。

项目职业背景

根据转子绕组结构形式的不同，三相异步电动机分为笼型异步电动机和绕线转子异步电动机两大类。绕线转子异步电动机较直流电动机结构简单，维护方便，调速和起动性能均比笼型异步电动机优越。在不要求调速但要求有较大的起动转矩和较小起动电流的场合，可采用绕线转子异步电动机拖动，它可以通过集电环和电刷在转子绕组中串联外加设备来达到减小起动电流、增大起动转矩及调速的目的。绕线转子异步电动机在起重、电梯、空气压缩机等机电设备上广泛使用。

绕线转子异步电动机转子绕组是在转子铁心槽内嵌放绝缘导线绕制成的三相绕组，一般作星形联结，三个出线端分别接在与转轴绝缘的三个集电环上，再通过电刷与外电路相连。图 7-1 所示为几种绕线转子异步电动机。

图 7-1　绕线转子异步电动机

a）绕线转子集电环电动机　b）YZRW 系列绕线转子电动机　c）YZRE 系列绕线转子电动机

任务一　认识绕线转子异步电动机的结构及起动方法

一、绕线转子异步电动机的结构

绕线转子异步电动机由定子和转子两大部分组成，其定子与笼型异步电动机相同，转子由转轴、三相转子绕组、转子铁心、集电环、转子绕组出线头、电刷、刷架、电刷外接线和镀锌钢丝箍等组成。绕线转子异步电动机结构如图 7-2 所示。

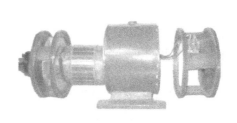

异步电动机图片

图 7-2　绕线转子异步电动机结构

绕线转子异步电动机转子结构如图 7-3 所示。

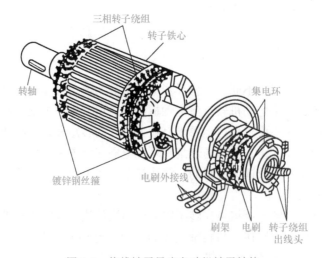

图 7-3　绕线转子异步电动机转子结构

绕线转子异步电动机转子也是对称的三相绕组，一般采用星形联结，三个出线端接到三个集电环上，再通过电刷与外电路连接。转子回路接线示意图如图7-4所示。

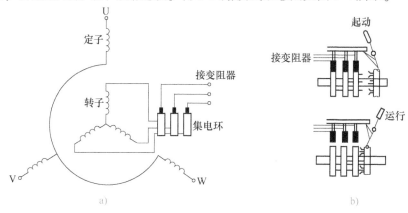

图7-4 转子回路接线示意图

a）接线图 b）提刷装置

二、绕线转子异步电动机的起动

在实际生产中要求起动转矩较大且调速平滑的场合，常常采用绕线转子异步电动机。绕线转子异步电动机常采用转子串电阻及转子串频敏变阻器两种方法起动以达到减小起动电流、增大起动转矩以及平滑调速的目的。

起动时，在转子电路中串入作星形联结的三相起动电阻，将起动电阻调到最大位置，以减小起动电流，并获得较大的起动转矩；随着电动机转速的升高，逐渐减小起动电阻（或逐段切除）；起动结束后将起动电阻全部切除，电动机在额定状态下运行。

任务二 转子串电阻起动控制电路安装与调试

一、电路分析

转子串电阻起动
电路原理

绕线转子异步电动机转子串电阻起动电路如图7-5所示。

电路工作原理：合上低压断路器 QF，

按下 SB1→KM1 线圈得电 ┬→KM1 主触头闭合 ────────→电动机串全部电阻起动 ①
　　　　　　　　　　　└→KM1 常开辅助触头闭合自锁 ─┘

① ──经一定时间──→ 按下 SB2→KM2 线圈得电 ┬→KM2 主触头闭合→切除电阻 R_1 ┐
　　　　　　　　　　　　　　　　　　　└→KM2 常开辅助触头闭合自锁 ──── ②

② ──经一定时间──→ 按下 SB3→KM3 线圈得电 ┬→KM3 主触头闭合→切除电阻 R_2 ┐
　　　　　　　　　　　　　　　　　　　└→KM3 常开辅助触头闭合自锁 ──── ③

③ ──经一定时间──→ 按下 SB4→KM3 线圈得电 ┬→KM4 主触头闭合 ──────── ④
　　　　　　　　　　　　　　　　　　　└→KM4 常开辅助触头闭合自锁 ─┘

④切除全部起动电阻，电动机以额定状态运行

停车：按下停止按钮 SB→所有接触器线圈断电→常开辅助触头断开→电动机断电停转。

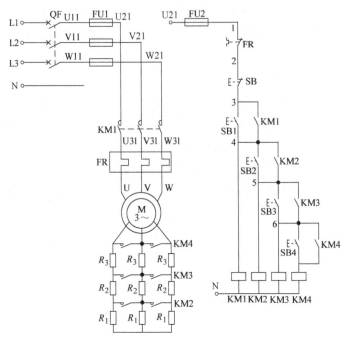

图 7-5　绕线转子异步电动机转子串电阻起动电路

　　电动机起动后，随着转速的逐渐升高，起动电流逐渐下降。在图 7-5 所示电路中，电阻的逐段切除采用人工操作，是手动控制电路。图 7-6 所示为过电流继电器控制的绕线转子异步电动机转子串电阻起动电路，图 7-7 所示为时间继电器控制的转子串电阻起动电路，这两个电路均实现了自动控制。过电流继电器的工作原理可参见本项目的阅读材料。

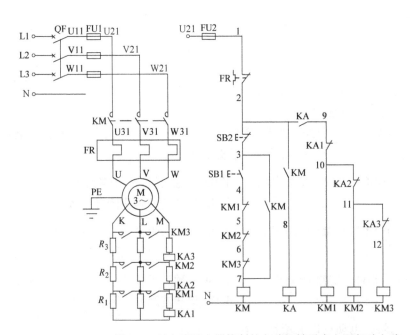

过电流继电器控制的转子串电阻起动电路

图 7-6　过电流继电器控制的电动机转子串电阻起动电路

二、时间继电器控制转子串电阻起动电路的安装与调试

1. 器材准备

识读图 7-7，熟悉电路所用电器元件的作用和电路的工作原理。所用电器元件见表 7-1。

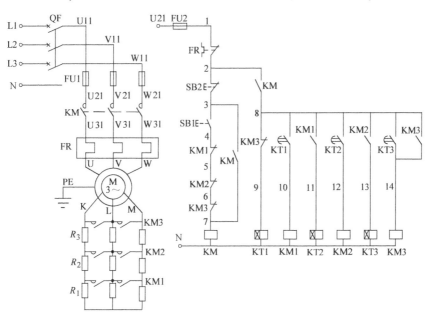

时间继电器控制的转子串电阻起动电路原理

图 7-7　时间继电器控制的转子串电阻起动电路

表 7-1　电器元件明细表

序号	名　称	型号与规格	数　量
1	绕线转子异步电动机	YR132M1—4，4kW，380V，9.3A	1 台
2	低压断路器	DZ47—32/3P D30，380V	1 只
3	交流接触器	CJX1—1222，线圈电压 220V	4 个
4	热继电器	JR36—20，整定电流 9.6A	1 只
5	熔断器	RT18—32，500V，配 20A 和 4A 熔体	4 只
6	起动电阻	2K—12—6/1	1 只
7	时间继电器	ST3P，额定电压 220V	3 只
8	按钮	LAY7 或 NP4—11BN，22mm，1 绿 1 红	2 只
9	端子板	TB1515	1 条
10	导线	BVR 2.5mm², 1.5mm², 0.75mm²	若干
11	线槽		若干
12	网孔板（或木板）	500mm×600mm	1 块

2. 检查电器元件

要求外观应完整无损，附件、备件齐全。

3. 用万用表、绝缘电阻表检测电器元件及电动机

检测元器件及电动机有关技术数据是否符合要求。

4. 绘制布置图并安装电器元件

绘制布置图，在控制板上按布置图安装电器元件，并贴上醒目的文字符号。

5. 绘制接线图并进行线槽布线

绘制接线图，在控制板上按接线图进行线槽布线。

6. 接线完毕，用万用表检查电路

用万用表检查电路通断情况，用手动操作来模拟触头分合动作。如存在故障则应先排除，经教师检查合格后再通电试车，如无故障经教师复查后通电试车。

 职业安全提示

安装电路注意事项

1) 安装接线要按电路工艺要求进行。

2) 按0.95~1.05倍电动机额定电流调整热继电器整定电流；时间继电器延时时间要在通电前进行整定。

3) 电阻器要尽可能放在箱体内，若置于箱体外，必须采取遮护或隔离措施，以防发生触电事故。

4) 如果出现故障，学生要立即切断电源，独立分析、检修，注意不要惊慌失措。如果需要通电试车或带电检修，须有教师现场监护。

5) 通电试车成功后，将工具、元器件以及导线放在规定位置，并清理现场。

任务三 转子串频敏变阻器起动控制电路安装与调试

绕线转子异步电动机采用转子串电阻起动时，要获得良好的起动特性，一般需要多级起动电阻，电路复杂、成本高、维修不便，且逐级切除电阻时会产生一定的机械冲击力。因此，对于工矿企业中不频繁起动的设备，广泛用频敏变阻器代替起动电阻来控制绕线转子异步电动机的起动。

一、频敏变阻器的工作原理

频敏变阻器的外形、结构和符号如图7-8所示。

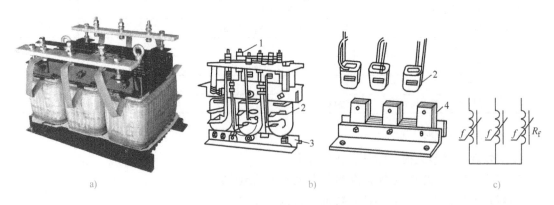

图7-8 频敏变阻器的外形、结构和符号
a) 外形 b) 结构 c) 符号
1—接线柱 2—线圈 3—底座 4—铁心

频敏变阻器实际上是一个铁心损耗非常大的三相电抗器，它有一个三柱铁心，每个柱上有一个绕组，三相绕组一般采用星形联结。频敏变阻器的阻抗随着电流频率的变化而有明显的变化：电流频率高时，阻抗值也高，电流频率低时，阻抗值也低。在电动机起动瞬间，转子电流频率最大，频敏变阻器的等效阻抗最大（R_f 与 X_d 最大），限制了起动电流，并可获得较大的起动转矩。随着转子转速的升高，电流频率逐渐降低，频敏变阻器等效阻抗自动减小，从而使电动机转速平滑上升，电动机可以近似地得到恒转矩特性，实现了电动机的无级起动。起动完毕切除频敏变阻器即可。

二、串频敏变阻器起动控制电路原理分析

串频敏变阻器起动控制电路如图 7-9 所示。

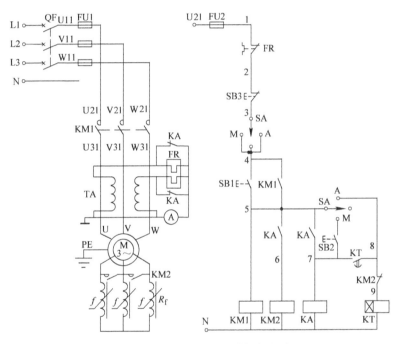

图 7-9　串频敏变阻器起动控制电路

起动过程可分为自动控制和手动控制，由转换开关 SA 完成。

（1）自动控制起动过程　SA 扳向自动位置（A），合上断路器 QF，接通三相电源。

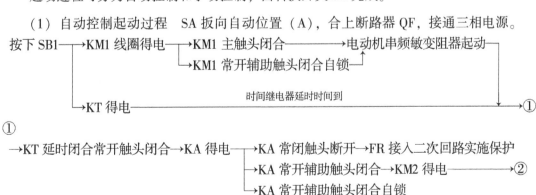

起过载保护的热继电器接在电流互感器的二次侧，这是为了提高热继电器的灵敏度和可靠性。另外在起动期间，中间继电器 KA 的常闭触头将热继电器的热元件短接，是为了防止起动电流大引起热继电器误动作。在进入全压运行后，KA 常闭触头断开，热继电器接入电流互感器二次回路，进行过载保护。

（2）手动控制起动过程　SA 扳至手动位置（M），合上断路器 QF 接通三相电源。按下 SB1，接触器 KM1 线圈得电自锁，KM1 主触头闭合，电动机串频敏变阻器起动。起动完成，按下 SB2，中间继电器 KA 和接触器 KM2 线圈得电，频敏变阻器 R_f 被短接切除，电动机全压运行。

串联频敏变阻器起动控制电路的优点是：具有良好的起动性能，无电流和机械冲击，结构简单，价格低廉，使用维护方便；但缺点是起动转矩较小、功率因数较低，不宜用于重载起动。

三、串频敏变阻器起动控制电路的安装与调试

1. 器材准备

根据图 7-9 备齐安装电路所需工具和材料。

2. 元器件检查

要求外观应完整无损，附件、备件齐全。

3. 绘制电器布置图并安装电器元件

在控制板上按电器布置图安装电器元件，并贴上醒目的文字符号。

4. 绘制接线图并进行线槽布线

在控制板上按接线图进行线槽布线。

5. 接线完毕，用万用表检查电路

用万用表检查电路通断情况，用手动操作来模拟触头分合动作。如存在故障则应先排除，经教师检查合格后再通电试车，如无故障经教师复查后通电试车。

四、清理现场

实训结束后清理现场，收好工具、仪表，整理实训台。

五、项目评价

将本项目的评价与收获填入表 7-2 中。其中规范操作一项可对照附录 B 给出的控制电路安装与调试评分标准进行评分。

表 7-2　项目的过程评价表

评价内容	任务完成情况	规范操作	参与程度	8S 执行情况
自评分				
互评分				
教师评价				
收获与体会				

继　电　器

一、继电器的作用及组成

继电器是一种根据输入信号（电量或非电量）的变化来接通或断开小电流电路，实现自动控制和电力拖动装置保护的电器。它用于各种控制电路中进行信号传递、放大、转换、联锁等，控制主电路和辅助电路中的器件或设备按预定的动作程序进行工作，达到自动控制和保护的目的。控制用继电器一般情况下不直接控制电流较大的主电路，而是通过接触器或其他电器对主电路进行控制。同接触器相比，控制用继电器具有触头分段能力小、结构简单、体积小、重量轻、反应灵敏、动作准确、工作可靠等优点。

电磁式继电器为常用的继电器，它由电磁机构、触头系统、调节装置组成，其结构如图 7-10 所示。

二、电磁式继电器的分类及特点

电磁式继电器按输入信号的不同分为电压继电器、电流继电器、时间继电器、速度继电器和中间继电器；按线圈电流种类的不同分为交流继电器和直流继电器；按用途的不同分为控制用继电器、保护用继电器、通信用继电器和安全用继电器等。

三、电压继电器与电流继电器

1. 电压继电器

电压继电器是反映电压变化的控制电器，其线

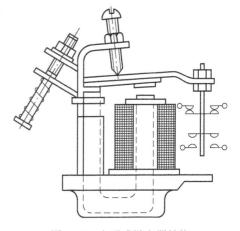

图 7-10　电磁式继电器结构

圈与负载并联以反映负载电压，匝数多而导线细。按吸合电压相对于其额定电压的大小可分为过电压继电器和欠电压继电器。

（1）过电压继电器　在电路中用于过电压保护。当线圈为额定电压时，衔铁不吸合；当线圈电压高于其额定电压（如 $1.2U_N$）时，衔铁才吸合动作。由于直流电路一般不会出现过电压，所以产品中没有直流过电压继电器。

（2）欠电压继电器　在电路中用于欠电压保护。当线圈电压低于其额定电压（如 $0.7U_N$）值时，衔铁就吸合，而当线圈电压很低时衔铁才释放。

电压继电器外形及符号如图 7-11 所示。

2. 电流继电器

电磁式电流继电器线圈串接在电路中，用来反映电路电流的大小，按线圈电流种类分为交流电流继电器与直流电流继电器，按吸合电流大小可分为过电流继电器和欠电流继电器。

（1）过电流继电器　通常，交流过电流继电器的吸合电流 $I_0 = (1.1 \sim 3.5)I_N$，直流过电流继电器的吸合电流 $I_0 = (0.75 \sim 3)I_N$。由于在出现过电流时其衔铁吸合动作，触头切断电路，故过电流继电器无释放电流参数。过电流继电器在电路中起过电流保护作用。

（2）欠电流继电器　正常工作时，继电器线圈流过负载额定电流，衔铁吸合动作；当

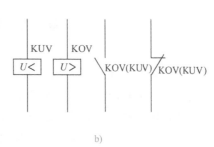

图 7-11　电压继电器外形及符号

a) 外形　b) 符号

负载电流降低至继电器释放电流时，衔铁释放，带动触头动作。欠电流继电器在电路中起欠电流保护作用。

电流继电器外形及符号如图 7-12 所示。

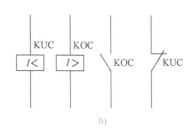

图 7-12　电流继电器外形及符号

a) 外形　b) 符号

JL18 系列电流继电器外形及接线如图 7-13 所示。

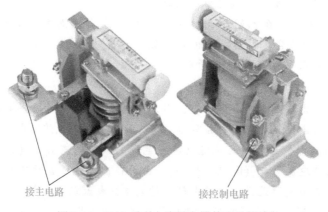

图 7-13　JL18 系列电流继电器外形及接线

应知应会要点归纳

1）根据转子绕组结构形式的不同，三相异步电动机分为笼型异步电动机和绕线转子异步电动机两大类。

2）绕线转子异步电动机由定子和转子两大部分组成，转子由转轴、三相转子绕组、转子铁心、集电环、转子绕组出线头、电刷、刷架、电刷外接线和镀锌钢丝箍等组成。

3）在实际生产中要求起动转矩较大且调速平滑的场合，常常采用绕线转子异步电动机。

4）频敏变阻器的阻抗随着电流频率的变化而有明显的变化，电流频率高时，阻抗值也高，电流频率低时，阻抗值也低。在电动机的起动瞬间，转子电流频率最大，频敏变阻器的等效阻抗最大限度地限制了起动电流，并可获得较大起动转矩。起动后，随着转速的升高，转子电流频率逐渐降低，频敏变阻器等效阻抗自动减小，从而使电动机转速平滑上升，实现了电动机的无级起动。

应知应会自测题

一、单项选择题

1. 转子绕组串电阻起动适用于（　　）。
A. 笼型异步电动机　　　　　　　　　B. 绕线转子异步电动机
C. 串励直流电动机　　　　　　　　　D. 并励直流电动机

2. 绕线转子异步电动机的转子电路中串入调速电阻属于（　　）调速。
A. 变极　　　　　B. 变频　　　　　C. 变转差率　　　　　D. 变容

3. 三相绕线转子异步电动机的调速控制可采用（　　）的方法。
A. 改变电源频率　　　　　　　　　　B. 改变定子绕组磁极对数
C. 转子回路串联频敏变阻器　　　　　D. 转子回路串联可调电阻

4. 过电流继电器在电路中主要起到（　　）的作用。
A. 欠电流保护　　　B. 过载保护　　　C. 过电流保护　　　D. 欠电压保护

5. 频敏变阻器是一种阻抗值随（　　）明显变化、静止的无触点的电磁元件。
A. 频率　　　　　B. 电压　　　　　C. 转差率　　　　　D. 电流

6. 转子绕组串频敏变阻器起动的方法不适用于（　　）起动。
A. 空载　　　　　B. 轻载　　　　　C. 重载　　　　　D. 空载或轻载

二、判断题

1. 绕线转子异步电动机不能直接起动。（　　）

2. 要使三相绕线转子异步电动机的起动转矩为最大转矩，可以用在转子回路中串入合适电阻的方法来实现。（　　）

3. 只要在绕线转子异步电动机的转子电路中接入调速电阻，改变电阻的大小，就可平滑调速。（　　）

4. 绕线转子三相异步电动机转子串频敏变阻器起动是为了限制起动电流，增大起动转矩。（　　）

看图学知识

画面提示

图7-14 电压互感器

图7-14所示电压互感器用来按比例变换交流电压。只要改变电压互感器的电压比，就可测量高低不同的电压。

电压互感器根据柜体结构，可垂直或水平安装，但必须注意相间及对地所需的距离。

电流互感器图片a　　电流互感器图片b

职业素养加油站

➤工匠精神的基本内涵包括敬业、精益、专注、创新。

➤工匠精神不仅体现了对产品精心打造、精工制作的理念和追求，更是要不断吸收最前沿的技术，创造出新成果。

➤从小事做起，从现在做起，秉承大国工匠精神，要立志、修身、勤学、敬业，为实现中华民族的伟大复兴注入新活力。

项目八

单相异步电动机控制电路安装与调试

项目分析

任务一　单相异步电动机正反转控制电路安装与调试
任务二　单相异步电动机调速控制电路安装与调试
任务三　认识洗衣机电动机控制电路

职业岗位应知应会目标

知识目标：
➢了解单相异步电动机的结构及原理。
➢掌握单相异步电动机正反转控制电路的组成和原理。
➢掌握单相异步电动机调速控制电路的组成和原理。

技能目标：
➢能正确安装单相异步电动机正反转控制电路。
➢能正确安装单相异步电动机调速控制电路。

职业素养目标：
➢爱岗敬业、职业规范、诚实守信。
➢环保意识、节约意识、协作意识。
➢创新精神、劳动精神、工匠精神。

项目职业背景

单相异步电动机是利用单相交流电源供电的小容量交流电动机，由于它结构简单、成本低廉、运行可靠、移动安装方便，并可以直接在单相220V交流电源上使用，因此广泛应用于工业、农业、医疗、家用电器以及办公场所等。电冰箱、洗衣机、空调器、电风扇、电吹风、吸尘器等家用电器中使用的都是单相异步电动机。

单相异步电动机的类型很多，按其定子结构和起动机构的不同，可分为单相电阻分相起动异步电动机、单相电容分相起动异步电动机、单相电容运转异步电动机、单相电容起动与运转异步电动机、单相罩极式异步电动机。几种常见的单相异步电动机外形如图8-1所示。本项目主要以应用广泛的单相电容运转异步电动机为例，学习单相异步电动机的正反转控制和调速控制。

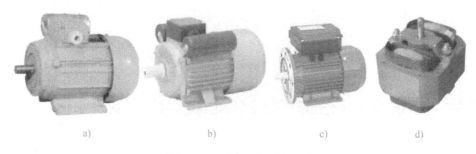

图 8-1　几种常见的单相异步电动机外形

a）单相电阻分相起动异步电动机　b）单相电容分相起动异步电动机
c）单相电容运转异步电动机　d）单相罩极式异步电动机

单相电容运转
电动机正反转
控制电路

任务一　单相异步电动机正反转控制电路安装与调试

本任务以洗衣机、电风扇、通风机等电器中广泛应用的单相电容运转异步电动机为例进行介绍。

一、单相电容运转异步电动机

单相电容运转异步电动机有两个定子绕组，一个是工作绕组（主绕组），另一个是起动绕组（副绕组），这两个绕组在空间上相差90°。起动绕组串联一个适当容量的电容器，其电路如图8-2所示。

单相电容起动与运转异步电动机主绕组、副绕组是由同一个单相电源供电的，由于副绕组中串联了一个电容器，使主绕组中的电流和副绕组中的电流存在一个相位差。选择大小合适的电容器使相位差为90°，这时就会产生最大的起动转矩。两个相位差为90°的电流流过空间相位差为90°的两个绕组，能够产生一个旋转磁场，在旋转磁场的作用下，单相异步电动机转子受到起动转矩的作用而转动。

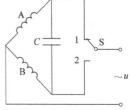

图 8-2　单相电容运转异步电动机正反转控制电路

由于起动绕组一直保持供电，用于这种单相电动机的电容器通常是油浸式。

二、单相异步电动机的正反转控制

以单相电容运转异步电动机为例，分析单相异步电动机的正反转控制。在图8-2所示电路中，当开关S置于位置"1"时，A为工作绕组，B为起动绕组，起动绕组在整个时间都供电工作。选择大小合适的电容器与起动绕组串联时，可使起动绕组B的电流超前工作绕组A 90°，电动机向某一方向起动并运转。当开关S置于位置"2"时，A为起动绕组，B为工作绕组，绕组A的电流超前于绕组B 90°，使电动机定子旋转磁场反向，转子反转，电动机反转运行。

单相异步电动机的这种控制方式对它的起动性能有一定影响，目前正在推广一种将电动机定子绕组嵌成三相对称绕组，并用单相电源供电，其接线如图8-3所示，它的正反转控制原理与单相电容式电动机相同，不同的是起动

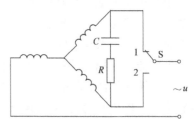

图 8-3　三相异步电动机作单相电动机使用

电路上串接了一个合适的电阻，以改善电动机起动和运行性能，它在目前生产的新型洗衣机中应用十分广泛。

三、单相洗衣机洗涤用电动机控制电路的拆装

拆卸洗衣机要按照如下顺序进行：

1）放净洗衣机中残留的水并擦干水渍。

2）拆卸螺钉、垫圈、胶垫、水封等，并将其放在一个盒子内。

3）拆卸时要做好记录和标记，更换元器件时要记好导线的颜色。画出原理图和接线图。

4）安装时按所画接线图进行接线，导线接头必须用绝缘胶带包扎好，以防漏电。

5）电路连接好经检查无误后可以通电试车。

任务二 单相异步电动机调速控制电路安装与调试

单相异步电动机调速的方法有多种，下面介绍简单实用的改变绕组主磁通实现调速的电路。

一、单相异步电动机的调速控制

1. 利用绕组抽头调速

（1）调速原理 改变绕组主磁通调速的实质是通过转换开关的不同触头，与事先设计好的绕组不同抽头连接，在电动机外部通过抽头的变换增、减主绕组的匝数，从而增、减绕组端电压和工作电流来调节主磁通，使转速发生改变。这种调速方式不需要任何附加设备，是目前最经济的一种调速方式，广泛应用于电风扇和空调器调速。

（2）电路分析 绕组抽头调速常用的有主绕组抽头和副绕组抽头两种形式，如图8-4所示。

在图8-4a中，主绕组抽头"1"是高速挡，当开关S与之接通时，主绕组匝数最少，工作电流最大，主磁通最大，转差率 s 小，根据转子转速公式 $n_2 = n_1(1-s)$，转子转速最高。当S分别接通中速挡"2"和低速挡"3"时，串入电路的主绕组匝数增

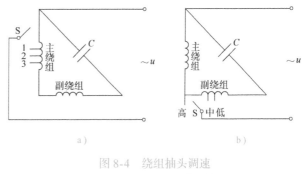

图 8-4 绕组抽头调速
a）主绕组抽头 b）副绕组抽头

多，副绕组匝数减少，工作电流减少，主磁通减少，若负载转矩不变，主磁通减少时，转差率 s 增大，根据转子转速公式 $n_2 = n_1(1-s)$ 可知，即使旋转磁场转速 n_1 不变，转子转速 n_2 也因 s 增大而下降。

图8-4b所示为副绕组抽头调速电路，它的调速原理与主绕组抽头调速类似，请读者自行分析。

2. 串联电抗器调速

电抗器为一个带抽头感抗很大的铁心线圈，串联在电路中起降压作用，通过调节抽头改变电压降，从而使电动机获得不同的转速。这种调速方法接线方便、结构简单、维修方便，

常用于简易的家用电器，如台扇、吊扇等。吊扇调速开关如图 8-5 所示。

图 8-6 所示为串联电抗器调速电路。它在电动机绕组外面串联带抽头的电抗器，实际上是通过一只转换开关将不同匝数的电抗器绕组与电动机绕组串联，当开关调在"1"挡时，串联的电抗器匝数最多，电抗器上的电压降最大，因而电动机转速最低，开关调在"5"挡时，转速最高。串联电抗器调速电路在吊扇、台扇和落地扇中应用较为广泛。

吊扇调速电路原理
动画视频

图 8-5　吊扇调速开关

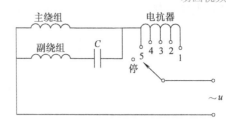

图 8-6　串联电抗器调速电路

二、单相电风扇控制电路的拆装

拆卸电风扇要按照如下顺序进行：

1）拆卸的风罩、风叶、螺钉等都要放置好，以免丢失。

2）拆电路时要做好记录，并明确标注。电抗器、琴键开关的引线都要标明具体的接线位置。必要时画出电路原理图和接线图。

3）按图 8-6 所示电路接线，导线接头必须用绝缘胶带包扎好，以防漏电。

4）电路接好经检验无误后可以通电试车。

任务三　认识洗衣机电动机控制电路

家用洗衣机电路如图 8-7 所示。

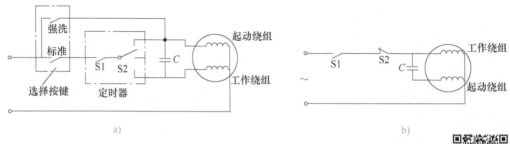

图 8-7　家用洗衣机电路

a）洗涤电动机控制电路　b）脱水电动机控制电路

洗衣机电路原理
动画视频

一、洗涤电动机电路分析

洗衣机的洗涤桶在工作时需经常改变旋转方向，由于其电动机一般为电容运转单相异步电动机，故采用将电容器从一组绕组中改接到另一组绕组中的方法来实现正反转，其控制电路如图8-7a所示。洗衣机的选择按键是用来选择洗涤方式的，一般有标准洗和强洗两种方式。

1. 按下选择按键的"标准"键

点画线框内的定时器为机械式定时器，S1、S2是定时器的触头，由定时器中的凸轮控制它们接通或断开，其中触头S1的接通时间就是电动机的通电时间，即洗涤与漂洗的定时时间。在该时间内，触头S2与上面的触头接通时，电容器 C 串入工作绕组支路，电动机正转；当S2拨到中间位置时，电动机停转；当S2与下面触头接通时，C 串入起动绕组支路，电动机反转。正转、停止、反转的时间大约为30s、5s、30s。

2. 按下选择按键的"强洗"键

此时标准键自动断开，电动机始终朝一个方向旋转，以完成强洗功能。

二、脱水电动机电路分析

图8-7b为脱水电动机控制电路，S1为脱水定时器的触头，脱水定时时间一般为0～5min。S2为脱水桶门盖的联锁触头。

阅读材料

电动机基本知识总结

一、电动机分类

根据电流性质的不同，旋转电机分为直流电机和交流电机两大类。将机械能变换为电能的称为发电机，将电能变换为机械能的称为电动机。电动机分类如下：

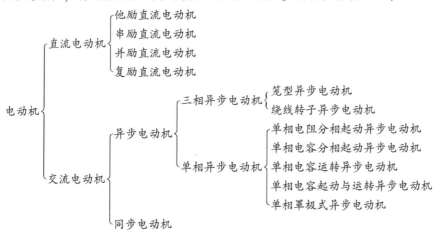

二、控制原理和方法总结

1. 直流电动机的起动原理和控制

直流电动机的基本工作原理是通电导体受磁场的作用力而使电枢旋转。通过换向器使直流电动机获得单方向的电磁转矩。通过换向片使处于磁极下不同位置的电枢导体串联起来，使其电磁转矩相互叠加而获得几乎恒定不变的电磁转矩。

直流电动机分为他励、串励、并励和复励四种。

（1）并励直流电动机的控制

1）限制起动电流的方法：常用的有减小电枢电压和电枢回路串电阻两种方法。

2）正反转控制方法：一是电枢反接法，保持励磁磁场方向不变；二是改变励磁绕组电流的方向，保持电枢电压极性不变。

3）制动：分为机械制动和电气制动两大类。机械制动常用的是电磁抱闸制动；电气制动常用的方法有能耗制动、反接制动和回馈制动三种。

4）调速：调速可采用机械方法、电气方法或机械和电气配合的方法。电气调速方法有三种：电枢电路串电阻调速法、改变励磁磁通调速法和改变电枢电压调速法。

（2）串励直流电动机的控制

1）串励直流电动机的起动方法有两种：一是减压起动，即采用晶闸管可控整流电源；二是电枢回路串电阻起动。

2）调速方法有三种：一是改变电源电压（即变电压）调速；二是改变电枢回路电阻（即串电阻）调速；三是改变主磁通（即弱磁）调速。

3）反转：常采用励磁绕组反接法。

4）制动：串励直流电动机的电气制动方法有能耗制动和反接制动两种。

2. 三相交流异步电动机的原理和控制

1）起动：分直接起动和减压起动。

笼型异步电动机常用的减压起动方法有定子绕组串电阻减压起动、自耦变压器减压起动、丫—△减压起动和延边三角形减压起动。

绕线转子异步电动机常用的起动方法有转子串电阻起动、转子串频敏变阻器起动。

2）制动：三相异步电动机的电气制动有能耗制动、反接制动及回馈制动三种方法。

3）调速：三相异步电动机的调速方法有变极、变频和变转差率调速。

3. 同步电机

同步电机是一种交流电机，由于转子的转速与定子旋转磁场的转速保持同步，所以称为同步电机。同步电机有同步发电机和同步电动机两类，我国电力系统的绝大部分电能由同步发电机提供，所以同步电机主要用作同步发电机，此外也可作电动机和调相机（专门用于电网的无功补偿）使用。

同步电动机本身没有起动转矩，所以不能自行起动。对称三相定子绕组通入对称三相正弦交流电产生旋转磁场，转子励磁绕组通入直流电产生与定子极数相同的恒定磁场。同步电动机就是靠定、转子之间异性磁极的吸引力由旋转磁场带动磁性转子旋转的。

（1）分类　按运行方式的不同，同步电机可分为发电机、电动机和调相机三类；按结构形式的不同，同步电机可分为旋转电枢式和旋转磁极式两种，其中旋转磁极式又分为隐极式和凸极式；按原动机类别的不同，同步电机可分为汽轮发电机、水轮发电机和柴油发电机等。

（2）起动　有同步起动法和异步起动法。

（3）制动　常采用能耗制动。

4. 控制电机

控制电机是在普通旋转电机的基础上产生的特殊功能的小功率旋转电机。控制电机在控制系统中作为执行元件、检测元件和运算元件。

控制电机按其功能和用途可分为信号检测和传递类控制电机、动作执行类控制电机两大类。控制电机是在自动控制系统中作为传递信息、交换和控制信号用的电机。在自动控制系统或计算装置中用来对信息控制、放大、执行和解算。按在自动装置中的作用来分类，一般分为电机扩大机、伺服电动机、测速发电机、自整角机和旋转变压器等。

应知应会要点归纳

1）单相异步电动机按其定子结构和起动机构的不同，可分为单相电阻分相起动异步电动机、单相电容分相起动异步电动机、单相电容运转异步电动机、单相电容起动与运转异步电动机、单相罩极式异步电动机。

2）单相电容运转异步电动机一般可采用将电容器从一组绕组中改接到另一组绕组中的方法来实现正反转。

3）单相异步电动机调速的方法有多种，利用绕组抽头改变绕组主磁通可实现调速，串联电抗器也可实现调速。

应知应会自测题

一、填空题

1. 单相异步电动机有两个定子绕组，分别是＿＿＿＿和＿＿＿＿。

2. 单相异步电动机根据两套绕组在电动机工作时所起作用的不同，可为＿＿＿＿和＿＿＿＿两大类。

二、单项选择题

1. 改变单相电容运转异步电机的转向，只要（　　）。

A. 将电容器从一组绕组中改接到另一组绕组中

B. 将主绕组首尾对调

C. 将副绕组首尾对调

2. 吊扇电动机铭牌上的功率是指（　　）。

A. 输入功率　　　　　　　　B. 输出的机械功率

C. 损耗的功率　　　　　　　D. 输入与输出功率

三、判断题

1. 单相电容运转异步电动机有两个定子绕组，一个是工作绕组，另一个是起动绕组。（　　）

2. 单相异步电动机按其定子结构和起动机构的不同，可分为单相电阻分相起动异步电动机、单相电容分相起动异步电动机、单相电容运转异步电动机、单相电容起动与运转异步

电动机、单相罩极式异步电动机。（　　）

3. 单相电容运转异步电动机一般可采用将电容器从一组绕组中改接到另一组绕组中的方法来实现正反转。（　　）

4. 单相异步电动机只要调换两根电源线就能改变转向。（　　）

 看图学知识

画面提示

当常用电突然故障或停电时，通过双电源切换开关（见图8-8）自动投入到备用电源上，使设备仍能正常运行，常用在电梯、消防、监控上。

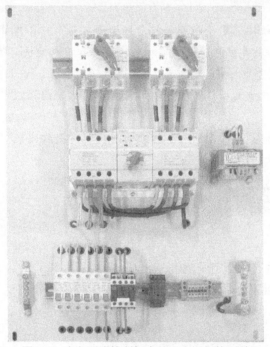

双电源应急照明
控制电路图片

图8-8　应急照明控制柜中的双电源切换开关

模块二

▶▶▶设备检修篇

卧式车床电气控制电路的检修

项目分析

任务一　CA6140 型卧式车床控制电路识读
任务二　CA6140 型卧式车床常见电气故障检修

职业岗位应知应会目标

知识目标：
➢ 了解 CA6140 型卧式车床的结构及运动形式。
➢ 掌握 CA6140 型卧式车床的电力拖动特点及控制要求。
➢ 掌握 CA6140 型卧式车床的常见电气故障。
技能目标：
➢ 能分析车床的电气控制电路。
➢ 掌握车床常见电气故障的诊断与检修方法。
职业素养目标：
➢ 严谨认真、科技报国、社会责任感。
➢ 安全意识、节约意识、质量意识。
➢ 热爱劳动、创新精神、工匠精神。

项目职业背景

任何一个复杂的电气控制系统都是由一些基本控制环节构成的。因此，分析机械设备的控制电路时，应先将其分解成基本环节，在了解机械运动的基础上，结合生产工艺和机械设备按电气控制的要求逐一对基本环节进行分析，最后再看整体，从而理解整个电气控制系统。本项目通过对 CA6140 型卧式车床电气控制电路分析，学会识读电路图，掌握分析控制电路的方法，为今后进行机械设备电气控制电路的设计、安装、调整、运行维护打下基础。

任务一　CA6140 型卧式车床控制电路识读

一、卧式车床的主要结构及运动形式

车床是使用最广泛的一种金属切削机床，主要用于加工各种回转表面（内、外圆柱面，端面，圆锥面及成型回转面等），还可用于车削螺纹和进行孔加工。在车削加工时，工件被

夹在卡盘上由主轴带动旋转；车刀装在刀架上，由溜板和溜板箱带动做横向和纵向运动，以改变车削加工的位置和深度。因此，车床的主运动是主轴的旋转运动，进给运动是溜板箱带动刀架的直线运动（见图9-1），而辅助运动包括溜板箱的快速移动、尾架的移动和工件的夹紧与放松等。

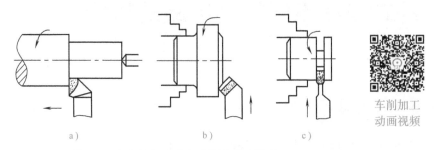

车削加工
动画视频

图9-1 车床的主运动和进给运动示意图

a）车外圆柱面 b）车平面 c）车槽

CA6140型卧式车床外形结构如图9-2所示，它主要由床身、主轴箱、进给箱、溜板箱、溜板与刀架、尾座、光杠与丝杠等部件组成。

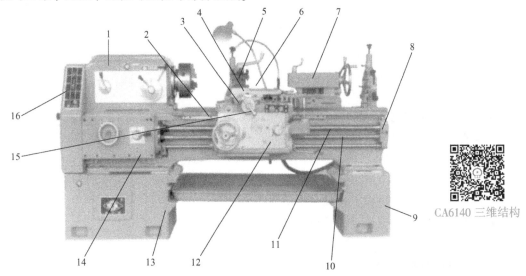

CA6140 三维结构

图9-2 CA6140型卧式车床外形结构

1—主轴箱 2—纵溜板 3—横溜板 4—转盘 5—方刀架 6—小溜板
7—尾座 8—床身 9—右床座 10—光杠 11—丝杠 12—溜板箱
13—左床座 14—进给箱 15—操纵手柄 16—挂轮架

二、电力拖动特点及控制要求

中小型卧式车床的电力拖动控制要求与特点如下：

1）主轴电动机一般选用三相笼型异步电动机，不进行电气调速。

2）为满足车削加工调速范围大的要求，车床主轴主要采用齿轮箱进行机械有级调速。

3）为车削螺纹，要求主轴能正、反向旋转。对于小型车床，一般采用电动机正、反转来实现。对于大中型车床，主轴正、反转最好采用机械传动方法来实现，如采用摩擦离合器、多片式摩擦离合器等。

4）主轴电动机的起动、停止采用按钮操作，在电网容量满足要求的情况下可直接起动，否则应采用减压起动控制，停止采用机械制动。

5）为满足螺纹加工的需要，刀架移动和主轴旋转运动之间必须保持准确的比例关系，因此刀架移动都是由主轴箱通过齿轮传动来实现。

6）车削加工时，为防止刀具和工件温度过高，延长刀具使用寿命，车床都配有冷却泵电动机。要求在主轴电动机起动后，冷却泵方可选择开动与否，而当主轴电动机停止时，冷却泵电动机也应停止。

7）具有必要的保护环节，如过载保护、短路保护、欠电压保护、失电压保护及联锁环节。

8）具有照明装置和信号电路。

三、CA6140 型卧式车床的电气控制电路分析

CA6140 型卧式车床电气原理图如图 9-3 所示，电器位置示意图如图 9-4 所示。

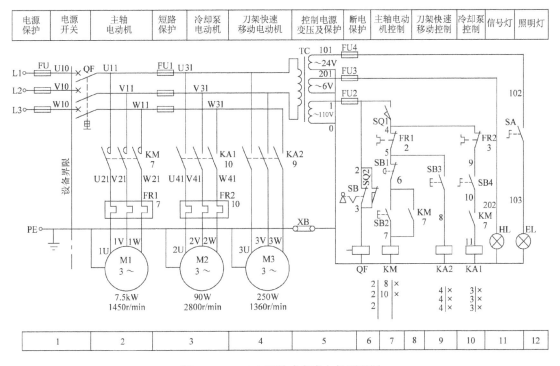

图 9-3　CA6140 型卧式车床电气原理图

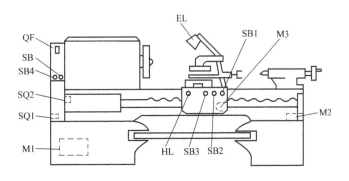

CA6140 电气
原理仿真

图 9-4　CA6140 型卧式车床电器位置示意图

CA6140 型卧式车床电器元件明细表见表 9-1。

表 9-1　CA6140 型卧式车床电器元件明细表

符号	名称	型号	规格	数量	用途
M1	主轴电动机	Y132M—4—B3	7.5kW，1450r/min	1	主传动
M2	冷却泵电动机	AOB—25	90W，2800r/min	1	输送切削液
M3	快速移动电动机	AOS5634	250W，1360r/min	1	溜板快速移动
FR1	热继电器	JR20—16/5S	整定电流 15.4A	1	M1 过载和断相保护
FR2	热继电器	JR20—10/3R	整定电流 0.32A	1	M2 过载和断相保护
KM	交流接触器	CJX2—40	40A，线圈电压 110V	1	控制 M1
KA1	中间继电器	JZ7—44	10A，线圈电压 110V	1	控制 M2
KA2	中间继电器	JZ7—44	10A，线圈电压 110V	1	控制 M3
FU	熔断器	RL1—60	熔体 25A	3	短路保护
FU1	熔断器	RL1—15	熔体 6A	3	短路保护
FU2	熔断器	RL1—15	熔体 1A	1	110V 控制电路短路保护
FU3	熔断器	RL1—15	熔体 1A	1	信号灯短路保护
FU4	熔断器	RL1—15	熔体 2A	1	照明电路短路保护
SB	旋转开关	LAY3—01Y/2	带钥匙	1	电源开关锁
SB1	按钮	LAY3—10/3	500V，5A，红色	1	停止 M1
SB2	按钮	LAY3—01ZS/1	500V，5A，绿色	1	起动 M1
SB3	按钮	LA19—11	500V，5A	1	起动 M3
SB4	旋转开关	LAY3—10X/2	500V，5A	1	控制 M2
SA	旋转开关	LAY3—10X/2	250V，5A	1	车床照明灯开关
SQ1、SQ2	行程开关	JWM6—11		2	断电安全保护
QF	断路器	AM2—40	25A	1	电源引入开关
TC	控制变压器	JBK2—100	100V·A　380V/110V/24V/6V	1	提供控制、照明电路电压
HL	信号灯	ZSD—0	6V	1	电源指示灯
EL	车床照明灯	JC11	带 40W、24V 灯泡	1	工作照明

1. 主电路分析

主电路共有三台电动机：M1 为主轴电动机，带动主轴旋转和刀架做进给运动；M2 为冷却泵电动机，用来输送切削液；M3 为刀架快速移动电动机。

CA6140 控制电路三维仿真

1）将旋转开关 SB 向右旋转，再扳动断路器 QF 将三相电源引入。由于三台电动机容量均小于 10kW，故采用直接起动。

2）主轴电动机 M1 由接触器 KM 控制起动，热继电器 FR1 对主轴电动机 M1 进行过载保护，熔断器 FU 作短路保护，接触器 KM 作失电压和欠电压保护。

3）冷却泵电动机 M2 由接触器 KA1 控制起动，热继电器 FR2 作过载保护。

4）刀架快速移动电动机由中间继电器 KA2 控制。因 KA2 是点动控制，为短时工作制，故可不设过载保护。

5）FU1 作为冷却泵电动机 M2、刀架快速移动电动机 M3、控制变压器 TC 的短路保护。

2. 控制电路分析

控制变压器 TC 二次侧输出 110V 电压，作为控制电路的电源。正常工作时，位置开关 SQ1 的常开触头闭合。打开床头传动带罩后，SQ1 断开，切断控制电路电源。旋转开关 SB 和位置开关 SQ2 正常工作时是断开的，QF 线圈不通电，断路器 QF 能合闸。打开配电柜门时，SQ2 闭合，QF 线圈得电，断路器 QF 自动断开。

（1）主轴电动机 M1 的控制 按下起动按钮 SB2，接触器 KM 线圈得电，KM 主触头闭合，KM 自锁触头（6-7）闭合自锁，主轴电动机 M1 起动运转，同时 KM（10-11）常开辅助触头闭合，为 KA1 得电做好准备。按下停止按钮 SB1，电动机 M1 停止运转。主轴的正、反转采用摩擦离合器实现。

（2）冷却泵电动机 M2 的控制 冷却泵电动机 M2 只有在主轴电动机起动后才能起动。只有当主轴电动机 M1 起动后，KM（10-11）常开辅助触头闭合，转动转换开关 SB4，中间继电器 KA1 线圈才能得电，冷却泵电动机起动。

（3）刀架快速移动电动机 M3 的控制 刀架快速移动电动机 M3 的起动是由安装在进给操纵手柄顶端的按钮 SB3 来控制，它与中间继电器 KA2 组成点动控制电路。将操纵手柄扳到所需方向，按下 SB3，中间继电器 KA2 得电，KA2 在 4 区的主触头闭合，电动机 M3 起动，刀架按指定方向快速移动。

3. 保护环节、信号和照明

控制变压器 TC 的二次侧分别输出 24V 和 6V 电压，作为车床照明灯和信号灯电源，HL 为电源信号灯，合上电源总开关 QF，HL 亮，表示车床控制电路电源正常；EL 作为车床的低压照明灯，由开关 SA 控制。它们分别由 FU3 和 FU4 作短路保护。

任务二 CA6140 型卧式车床常见电气故障检修

1. M1 不能起动

常出现的现象：按下 SB2 后 M1 不能起动；或一按下 SB2 熔断器就烧毁；或按下停止按钮停机后无法再起动；或在运行中突然停转，然后再不能起动等。

发生此类故障时，首先应检查电源电压是否正常，熔断器有无熔断，低压断路器 QF 有无跳闸；其次应检查热继电器 FR1，看热继电器是否已动作。如果热继电器已动作，则应先分析引起其动作的原因，如负载过大（切削时进刀量过大且运行时间过长），热继电器整定电流值过小，或热继电器选配不当，此时应更换热继电器或重新调节其整定电流值。处理故障后，将热继电器复位，即可重新起动电动机。

此外，还应检查交流接触器 KM，若接触器本身没有问题，则应检查控制电路，先将 KM 主触头的三条引出线断开，然后合上低压断路器 QF，按下起动按钮 SB2，看 KM 能否吸合。如 KM 不能吸合，则故障多在控制电路中的 KM 支路上，检查起动按钮的常开触头及接线是否接触良好，停止按钮 SB1 的常闭触头是否接触良好；热继电器 FR1 的触头有无问题等。最后应检查控制电路的电源是否正常（如 TC 的二次绕组有无 110V 电压，熔断器 FU3 有无熔断等）。这些故障均排除后，主轴电动机 M1 应能正常起动。

2. M1 断相运行

若按下起动按钮 SB2 时 M1 不能起动并发出"嗡嗡"声，或在运行中突然发出较明显的"嗡嗡"声，则可诊断电动机发生了断相故障。发现电动机断相，应立即切断电源，避免损坏电动机。造成断相的原因可能是三相熔断器一相熔断，或接触器的三相主触头中有一相接触不良，也可能是接线脱落。有些机床的熔断器装在床身上，在机器运行时因振动造成熔断器松脱，也会造成电动机断相。电动机的断相运行会使电动机因过载而烧毁，找出故障原因并排除后，M1 应能正常起动和运行。平时应有针对性地进行检查，注意消除隐患。

3. M1 能起动，但不能自锁

其原因一般是 KM 自锁触头接触不良或接线松动。

4. M1 不能停转

按下停止按钮 SB1，M1 不能停转，其原因可能是：接触器 KM 主触头熔焊；停止按钮 SB1 损坏，不起作用；新更换的接触器因未擦去其铁心端面上的防锈油，在多次吸合动作后铁心黏住，从而使主触头无法断开。

5. M2 故障

（1）M2 不能起动　因为 M2 是与 M1 联锁的，所以必须在 M1 起动后 M2 才能起动；如果只是 M2 不能起动，除按上述检查 M1 不能起动的方法进行检查外，还应检查控制电路中 KM 的常开辅助触头是否接触良好。

（2）M2 烧毁　除电气方面的原因外，冷却泵电动机烧毁的原因很可能是负载过重。当车床切削液中金属屑等杂质较多时，杂质的沉积常常会阻碍冷却泵叶片的转动，造成冷却泵负载过重甚至出现堵塞现象，叶片可能不能转动导致电动机堵转，如未及时发现，就会烧毁电动机。此外，在车床加工零件时，由于切削液飞溅，可能会有切削液从接线盒或电动机的端盖等处进入电动机内部，造成定子绕组短路，从而烧毁电动机。这类故障应着重于防范，注意检查冷却泵电动机的密封性能，同时要求操作者使用合格的切削液，并及时更换冷却液。

6. 控制变压器的故障

该车床采用控制变压器 TC 给控制和照明、信号指示电路供电，机床的控制变压器常常会出现烧毁等故障，其主要原因如下：

（1）过载　控制变压器的容量一般都比较小，在使用中一定要注意其负载与变压器的容量相适应，如随意增大照明灯的功率或加接照明灯，都容易使变压器因过载而损坏。

（2）短路　产生短路的原因较多，包括灯头接触不良造成局部过热，螺口灯泡锡头脱焊造成内部短路；灯头内导线因长期过热导致绝缘性能下降而产生短路；灯泡拧得过紧，也有可能使灯头内的弹簧片与铜壳相碰而短路。此外，控制电路的故障也会造成变压器二次侧短路。因此应注意日常检查。

（3）熔体选得过大　变压器二次侧的熔体一般应按额定电流的两倍选用，若选得过大，则起不到保护作用。

阅读材料

车床维修工作票的填写

【任务描述】　按维修工作票给定的工作任务排除车床电气控制电路板上所设置的故障，使该电路能正常工作。

【技术图样】　CA6140 型卧式车床电气原理图

【模拟考题】

工作票编号 No：DQWX

发票日期：　　年　　月　　日

工位号	
工作任务	根据图 9-3 所示的 CA6140 型卧式车床电气原理图完成电路的故障检测和排除
工作时间	自＿＿年＿＿月＿＿日＿＿时＿＿分至＿＿年＿＿月＿＿日＿＿时＿＿分
工作条件	检测及排故过程停电；观察故障现象和排除故障后通电试车
工作许可人签名	
维修要求	1. 在工作许可人签名后方可进行检修 2. 对电路进行检测，确定电路的故障点并排除 3. 严格遵守电工操作安全规程 4. 不得擅自改变原电路接线，不得更改电路和元器件位置 5. 完成检修后能使该车床正常工作

故障现象描述	通电指示灯 HL 不亮，控制电路均失效	KA1 吸合，冷却泵电动机不起动	对刀架快速移动电动机控制失效
故障检测和排除过程	断开电源，使用电阻法检测控制变压器 TC 的一次电路，即 L1—U31，L2—V31，发现 QF 和 FU1 之间的 U11 号线开路	使用电阻法检测冷却泵电动机电源电路，发现 KA1 和 FR2 之间的 U41 号线开路	根据故障现象分析，可能是第 5—8—0 号线上有断点，断开电源，用电阻法逐点检测，发现 SB3 和 KA2 线圈间的 8 号线有断点
故障点描述	QF 和 FU1 之间的 U11 号线开路变压器 TC 一次侧没电	KA1 和 FR2 之间的 U41 号线开路，冷却泵电动机 M2 电源断相	SB3 和 KA2 线圈间的 8 号线有断点

应知应会要点归纳

1）车床的主运动是主轴的旋转运动，进给运动是溜板箱带动刀架的直线运动，而辅助运动包括溜板箱的快速移动、尾架的移动和工件的夹紧与放松等。

2）CA6140 型卧式车床主要由床身、主轴箱、进给箱、溜板箱、溜板与刀架、尾座、光杠与丝杠等部件组成。

3）CA6140 型卧式车床主轴主要采用齿轮箱进行机械有级调速。

4）CA6140 型卧式车床主轴的正、反转是采用机械传动方法来实现的。

5）主轴电动机起动后，冷却泵方可选择开动与否，而当主轴电动机停止时，冷却泵也应停止。

应知应会自测题

一、填空题

阅读图 9-3 CA6140 型卧式车床电气原理图，回答如下问题：

1. 照明灯的电压为_____ V，信号灯的电压为_____ V。

2. 中间继电器 KA1 的线圈电压是_____ V，交流接触器 KM 的线圈电压是_____ V。

3. 按下按钮_____，主轴电动机 M1 起动运行。

4. 冷却泵电动机受中间继电器_____的控制。

5. 刀架快速移动电动机受中间继电器_____的控制。

二、单项选择题

1. 车床从（　　）考虑，选用三相笼型异步电动机，不进行电气调速。

A. 经济性、可靠性　　　　　B. 可行性　　　　　　C. 安全性

2. 刀架快速移动电动机的控制属于（　　）。

A. 单方向连续运行　　　　　B. 点动控制　　　　　C. 正反转控制　　　　D. 手动控制

3. 由 CA6140 型卧式车床电气原理图可知，照明灯的电源是（　　）。

A. AC 24V　　　　　　　　　B. AC 220V　　　　　C. AC 110V

4. 从 CA6140 型卧式车床电气原理图中可以看出，交流接触器线圈两端的电压为（　　）V。

A. 110　　　　　　　　　B. 36　　　　　　　　C. 12　　　　　　　　D. 6

5. CA6140 型车床的过载保护采用（　　）。

A. 接触器自锁　　　　　B. 熔断器　　　　　　C. 热继电器　　　　　D. 按钮

6. CA6140 型卧式车床的短路保护采用（　　）。

A. 接触器自锁　　　　　B. 熔断器　　　　　　C. 热继电器　　　　　D. 按钮

7. CA6140 型卧式车床主轴停机制动采用（　　）方式。

A. 电气制动　　　　　　B. 能耗制动　　　　　C. 机械制动　　　　　D. 反接制动

三、判断题

1. 车床的主运动是主轴的旋转运动。（　　　）

2. CA6140 型卧式车床采用齿轮箱进行机械调速。（　　　）

3. 车床的主拖动电动机一般选用三相绕线转子异步电动机。（　　　）

4. 车削加工时，为防止刀具和工件温度过高，延长刀具使用寿命，车床都配有冷却泵电动机。（　　　）

5. 如果主轴电动机 M1 不能起动，一定是电源没电。（　　　）

摇臂钻床电气控制电路的检修

项目分析

任务一　Z3050 型摇臂钻床控制电路识读
任务二　Z3050 型摇臂钻床常见电气故障检修

职业岗位应知应会目标

知识目标：
➢ 了解 Z3050 型摇臂钻床的结构及运动形式。
➢ 掌握 Z3050 型摇臂钻床的电力拖动特点。
➢ 掌握 Z3050 型摇臂钻床的控制要求。

技能目标：
➢ 能分析 Z3050 型摇臂钻床的电气控制电路。
➢ 能对摇臂钻床常见电气故障进行诊断与检修。

职业素养目标：
➢ 勤学善思、信息素养、爱国情感。
➢ 安全意识、节约意识、质量意识。
➢ 创新精神、劳动精神、工匠精神。

项目职业背景

钻床是一种用途广泛的孔加工机床，主要用来钻削精度要求不太高的孔，还可用来扩孔、铰孔、镗孔以及修刮平面、攻螺纹等。

钻床的结构型式很多，有立式钻床、卧式钻床、台式钻床、深孔钻床及多轴钻床等。本项目以 Z3050 型摇臂钻床为例对钻床控制电路进行分析和故障检修。

任务一　Z3050 型摇臂钻床控制电路识读

一、钻床结构及运动形式

摇臂钻床属于立式钻床，适用于单件或批量生产中带有多孔的大型零件的孔加工。本项目着重介绍应用广泛的 Z3050 型摇臂钻床。

摇臂钻床外形图片

摇臂钻床Z3050 外形

摇臂钻床外形及运动形式

Z3050 型摇臂钻床的外形和结构如图 10-1
所示。

Z3050 型摇臂钻床主要由底座、内立柱、外
立柱、摇臂、主轴箱、工作台等组成。内立柱固
定在底座上，空心的外立柱套在内立柱上，并可
绕内立柱回转一周，摇臂一端的套筒部分与外立
柱滑动配合，借助于丝杠，摇臂可沿着外立柱上
下移动，但两者不能相对转动，因此摇臂将与外
立柱一起相对内立柱回转。主轴箱是一个复合的
部件，它由主传动电动机、主轴和主轴传动机
构、进给和变速机构以及机床的操作机构等部分
组成。主轴箱可沿着摇臂上的水平导轨作径向移
动。当进行加工时，通过夹紧机构将外立柱紧固
在内立柱上，将摇臂紧固在外立柱上，将主轴箱
紧固在摇臂导轨上，然后进行钻削加工。

进行钻削加工时，摇臂钻床的主轴旋转为
主运动，而主轴的直线移动为进给运动。

钻床型号意义如下：

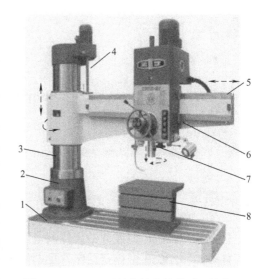

图 10-1　Z3050 型摇臂钻床的外形和结构
1—底座　2—外立柱　3—内立柱　4—摇臂升降丝杠
5—摇臂　6—主轴箱　7—主轴　8—工作台

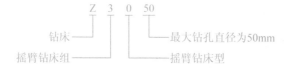

二、电力拖动特点及控制要求

摇臂钻床的电力拖动特点及控制要求如下：

1）由于摇臂钻床的运动部件较多，为简化传动装置的结构，采用多电动机拖动。主拖
动电动机承担主钻削及进给任务，摇臂升降、夹紧放松和冷却泵各用一台电动机拖动。

2）主轴变速机构与进给变速机构应该放在一个变速箱内，而且两种运动由一台电动机拖动。

3）为了适应多种加工方式的要求，主轴旋转及进给运动均有较宽的调速范围，一般情
况下调速由机械变速机构实现。为简化变速箱的结构，采用多速笼型异步电动机拖动。

4）加工螺纹时，要求主轴能正、反向旋转，其正反转采用机械方法实现，因此，拖动
主轴的电动机只需单向旋转。

5）摇臂的升降由升降电动机拖动，要求能实现正、反向旋转，采用笼型异步电动机拖动。

6）摇臂的夹紧与放松以及立柱的夹紧与放松由一台异步电动机配合液压装置来完成，
要求这台电动机能正、反转。

7）钻削加工时，为了对刀具及工件进行冷却，需要一台冷却泵电动机拖动冷却泵输送
切削液。

8）要有必要的联锁和保护环节。

9）机床应有安全照明和信号指示电路。

三、Z3050 型摇臂钻床的电气控制电路分析

Z3050 型摇臂钻床电气原理图如图 10-2 所示。

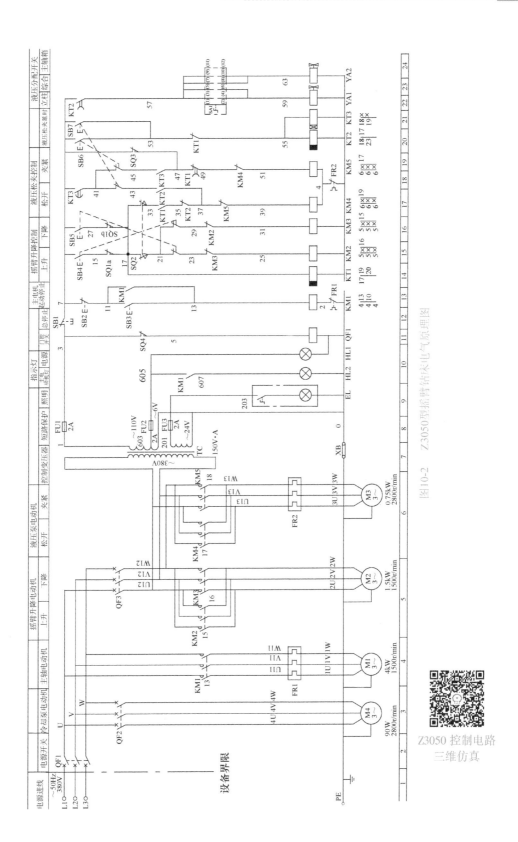

图10-2 Z3050型摇臂钻床电气原理图

Z3050 控制电路
三维仿真

143

1. 主电路分析

Z3050 型摇臂钻床共需四台电动机，除冷却泵电动机采用开关直接起动外，其余三台异步电动机均采用接触器控制起动。

M1 是主轴电动机，由交流接触器 KM1 控制，只要求单方向旋转，主轴的正、反转由机械手柄操作。M1 装在主轴箱顶部，带动主轴及进给传动系统，热继电器 FR1 作过载保护，总电源开关中的电磁脱扣装置作短路保护。

M2 是摇臂升降电动机，装于主轴顶部，用接触器 KM2 和 KM3 控制其正、反转。因为该电动机短时间工作，故不设过载保护电器。

M3 是液压泵电动机，可以做正向转动和反向转动。正向转动和反向转动的起动与停止分别由接触器 KM4 和 KM5 控制。热继电器 FR2 是液压泵电动机的过载保护电器。该电动机的主要作用是供给夹紧装置压力油，实现摇臂和立柱的夹紧和松开。

M4 是冷却泵电动机，功率很小，由开关直接起动和停止。

摇臂升降电动机 M2 和液压油泵电动机 M3 共用 QF3 中的电磁脱扣装置作为短路保护。

主电路电源电压为交流 380V，低压断路器 QF1 作为电源引入开关。

2. 控制电路分析

控制电路的电源是由控制变压器 TC 降压后供给 110V 电压，熔断器 FU1 作为短路保护。

（1）开车前的准备工作　为了保证操作安全，本钻床具有"开门断电"功能。所以开车前应将立柱下部及摇臂后部的电源盖关好，方能接通电源。合上 QF3 及总电源开关 QF1，则电源指示灯 HL1 亮，表示钻床的控制电路已进入带电状态。

（2）主轴电动机 M1 的控制　按下起动按钮 SB3，接触器 KM1 吸合并自锁，主轴电动机 M1 开始旋转，同时指示灯 HL2 点亮。按下停止按钮 SB2，接触器 KM1 断电，主轴电动机 M1 停止旋转，同时指示灯 HL2 熄灭。

（3）摇臂升降的控制　包括摇臂的上升控制和下降控制。

1）摇臂上升控制。按下上升按钮 SB4，时间继电器 KT1 线圈通电，它的瞬时闭合常开触头（17 区）闭合，接触器 KM4 线圈得电，液压泵电动机 M3 起动正向旋转，供给压力油。压力油经分配阀体进入摇臂的"松开油腔"，推动活塞移动，活塞推动菱形块，将摇臂松开。同时，活塞杆通过弹簧片使位置开关 SQ2 常闭触头断开、常开触头闭合。前者切断了接触器 KM4 的线圈电路，KM4 主触头断开，液压泵电动机 M3 停止工作；后者使交流接触器 KM2 的线圈通电，其主触头接通 M2 的电源，摇臂升降电动机起动正向旋转，带动摇臂上升。如果此时摇臂尚未松开，则位置开关 SQ2 的常开触头不闭合，接触器 KM2 就不能吸合，摇臂就不能上升。

当摇臂上升到所需位置时，松开按钮 SB4，则接触器 KM2 和时间继电器 KT1 同时断电释放，M2 停止工作，摇臂随之停止上升。

由于时间继电器 KT1 断电延时释放，经 1~3s 的延时后，其延时闭合常闭触头（19 区）闭合，接触器 KM5 线圈得电，液压泵电动机 M3 反向旋转，随之泵内的液压油经分配阀进入摇臂的"夹紧油腔"，摇臂夹紧。在摇臂夹紧的同时，活塞杆通过弹簧片使位置开关 SQ3 的常闭触头断开，KM5 断电释放，M3 停止工作，完成了摇臂的松开→上升→夹紧的整套动作。

2）摇臂下降控制。按下下降按钮 SB5，时间继电器 KT1 线圈通电，其常开触头（17

区）闭合，KM4 线圈得电，液压泵电动机 M3 起动正向旋转，供给压力油。与前面叙述的过程相似，先使摇臂松开，接着压动位置开关 SQ2，其常闭触头断开，KM4 断电释放，液压泵电动机停止工作；其常开触头闭合，KM3 线圈通电，摇臂升降电动机 M2 反向运转，带动摇臂下降。

当摇臂下降到所需位置时，松开按钮 SB5，则接触器 KM3 和时间继电器 KT1 同时断电释放，M2 停止工作，摇臂停止下降。

时间继电器 KT1 断电释放后经 1～3s 的延时，其延时闭合的常闭触头（19 区）闭合，KM5 线圈得电，液压泵电动机 M3 反向旋转，随之摇臂夹紧。在摇臂夹紧后，位置开关 SQ3 的常闭触头断开，KM5 断电释放，M3 停止工作，完成了摇臂的松开→下降→夹紧的整套动作。

组合限位开关 SQ1a 和 SQ1b 用来限制摇臂的升降过程。当摇臂上升到极限位置时，SQ1a 动作，接触器 KM2 断电释放，M2 停止运行，摇臂停止上升；当摇臂下降到极限位置时，SQ1b 动作，接触器 KM3 断电释放，M2 停止运行，摇臂停止下降。

摇臂的自动夹紧由位置开关 SQ3 控制。如果液压夹紧系统出现故障不能自动夹紧摇臂，或者由于 SQ3 调整不当，摇臂夹紧后 SQ3 的常闭触头不断开，都会使液压泵电动机 M3 因长期过载运行而损坏。因此，电路中设有热继电器 FR2 作 M3 的过载保护，其额定值应根据 M3 的额定电流进行整定。

摇臂升降电动机的正、反转控制接触器不允许同时得电动作，以防止电源短路。为避免因操作失误等原因而造成短路事故，在摇臂上升和下降的控制电路中采用了接触器的辅助触头互锁和复合按钮互锁两种保证安全的方法，确保电路安全工作。

（4）立柱和主轴箱的夹紧与松开控制 立柱和主轴箱的松开（或夹紧）既可以同时进行，也可以单独进行，由转换开关 SA1 和复合按钮 SB6（或 SB7）进行控制。SA1 有三个位置：扳到中间位置时，立柱和主轴箱的松开（或夹紧）同时进行；扳到左边位置时，立柱夹紧（或放松）；扳到右边位置时，主轴箱夹紧（或放松）。复合按钮 SB6 是松开控制按钮，SB7 是夹紧控制按钮。

1）立柱和主轴箱同时松开、夹紧。将转换开关 SA1 扳到中间位置，然后按松开按钮 SB6，时间继电器 KT2、KT3 同时得电。KT2 的延时断开常开触头闭合，电磁阀 YA1、YA2 得电吸合，而 KT3 的延时闭合的常开触头经 1～3s 后闭合。随后，KM4 线圈得电，主触头闭合，液压泵电动机 M3 正转，供出的液压油进入立柱和主轴箱松开油腔，使立柱和主轴箱同时松开。

2）立柱和主轴箱单独松开、夹紧。如果希望单独控制主轴箱，可将转换开关 SA1 扳到右侧位置，按下松开按钮 SB6（或夹紧按钮 SB7），此时时间继电器 KT2 和 KT3 的线圈同时得电，电磁铁 YA2 单独通电吸合，即可实现主轴箱的单独松开（或夹紧）。

松开复合按钮 SB6（或 SB7），时间继电器 KT2 和 KT3 的线圈断电，KT3 的通电延时闭合常开触头瞬时断开，接触器 KM4（或 KM5）的线圈断电，液压泵电动机停转。经过 1～3s 的延时，电磁铁 YA2 的线圈断电，主轴箱松开（或夹紧）的操作结束。

同理，把转换开关 SA1 扳到左侧，则使立柱单独松开或夹紧。

因为立柱和主轴箱的松开与夹紧是短时间的调整工作，所以采用点动方式控制。

（5）冷却泵电动机 M4 的控制 扳动断路器 QF2，就可以接通或断开电源，操纵冷却泵电动机 M4 工作或停止。

3. 照明、指示电路分析

控制变压器 TC 降压后为照明、指示电路提供 24V、6V 的电压，熔断器 FU3、FU2 作短路保护，EL 是照明灯，HL1 是电源指示灯，HL2 是主轴电动机运行指示灯。

任务二　Z3050 型摇臂钻床常见电气故障检修

摇臂钻床电气控制的特殊环节是摇臂的升降。Z3050 型摇臂钻床的工作过程是由电气、机械、液压系统紧密结合实现的。因此，在维修中不仅要注意电气部分能否正常工作，也要注意电气部分与机械和液压部分的协调关系。下面仅对摇臂钻床升降中的电气故障进行分析。

1. 摇臂不能升降

由摇臂升降过程可知，升降电动机 M2 旋转，带动摇臂升降，其前提是摇臂完全松开，活塞杆压下位置开关 SQ2。如果 SQ2 不动作，一般是 SQ2 安装位置移动。这样，摇臂虽已放松，但活塞杆压不上 SQ2，摇臂就不能升降。若液压系统发生故障，使摇臂放松不够，也会压不上 SQ2，摇臂也不能移动。由此可见，SQ2 的位置非常重要，应配合机械、液压系统调整好后再进行紧固。

电动机 M3 电源相序接反时，按上升按钮 SB4（或下降按钮 SB5），M3 反转，使摇臂夹紧，SQ2 不动作，摇臂也就不能升降。所以，在机床大修或新安装后，要检查电源相序。

2. 摇臂升降后，摇臂夹不紧

由摇臂夹紧的动作过程可知，夹紧动作的结束是由位置开关 SQ3 来控制的，如果 SQ3 动作过早，将导致 M3 尚未充分夹紧就停转。造成这种现象的原因是 SQ3 安装位置不合适、固定螺钉松动造成 SQ3 移位，在摇臂夹紧动作未完成时 SQ3 就被压上，切断了 KM5 线圈回路，致使 M3 停转。

排除故障时，应首先判断是液压系统的故障（如活塞杆阀芯卡死或油路堵塞造成的夹紧力不够）还是电气系统故障。若为电气故障，则重新调整 SQ3 的动作距离、固定好螺钉即可。

3. 立柱、主轴箱不能夹紧或松开

立柱、主轴箱不能夹紧或松开的可能原因是油路堵塞、接触器 KM4 或 KM5 不能吸合。出现故障时，应检查按钮 SB6、SB7 接线情况是否良好，若接触器 KM4 或 KM5 能吸合，M3 能运转，可排除电气方面的故障，则应请液压、机械修理人员检修油路，以确定是否是油路故障。

4. 摇臂上升或下降限位保护开关失灵

组合位置开关 SQ1 的失灵分两种情况：一是 SQ1 损坏，其触头不能闭合或触头接触不良使电路断开，由此摇臂不能上升或下降；二是 SQ1 不能动作，其触头熔焊，使电路始终处于接通状态，当摇臂上升或下降到极限位置后，摇臂升降电动机 M2 发生堵转，这时应立即松开 SB4 或 SB5。根据上述情况进行分析，找出故障原因，更换或修复失灵的 SQ1 即可。

5. 按下 SQ6，立柱、主轴箱能夹紧，但释放后就松开

由于立柱、主轴箱的夹紧和松开机构都采用机械菱形块结构，所以这种故障多为机械原

因造成的。可能是菱形块和承压块的角度方向搞错，或者距离不合适，也可能因夹紧力调得太大或夹紧液压系统压力不够导致菱形块立不起来，可找机械修理工检修。

阅读材料

机床电气故障诊断与处理

一、机床电气故障诊断方法

1. 观察故障现象

机床电气故障诊断：问、看、听、闻、摸。

问——询问操作者故障发生前后机床的运行状况，如机床是否有异常的响声、冒烟、火花等。故障发生前有无切削力过大和频繁起动、制动、停车等情况，有无经过保养检修或改动电路等。

看——查看故障发生后元器件外观有无损伤及烧痕；熔断器有无熔断，如器身上熔断指示灯亮；保护电器有无脱扣；接线有无松动或脱落；触头有无烧蚀或熔焊；线圈有无过热烧毁等。

听——听一听有无异常的声音，在电路还能运行，并且不扩大故障范围、不损坏设备的前提下通电试车，听电动机、接触器和继电器的声音是否正常。

闻——走近有故障的机床旁，有时能闻到电动机、变压器等因过热直至烧毁所发出的异味，追踪气味的发生处，有助于查找故障源。

摸——在刚切断电源后，尽快触摸电动机、变压器、电磁线圈及熔断器等，看是否有过热现象。

综合各方面收集到的信息，判断故障发生的可能部位，进而缩小故障范围，更快做出诊断。

2. 判断故障范围

检修简单的电气控制电路时，可采用每个电器元件、每根连接导线逐一检查，遇到复杂电路时，就要根据电器的工作原理和故障现象，采用逻辑分析法确定故障可能发生的范围，提高检修效率。

3. 查找故障点

在确定故障范围后，通过选择合适的检修方法查找故障点。常用的检修方法有直观法、电压测量法、电阻测量法、短接法、试灯法、波形测试法等。

二、机床电气故障处理注意事项

1）应了解所维修机床的电气控制要求、控制电路及工作情况。

2）检修前，应检查所用的工具、仪表是否符合使用要求。

3）排除故障时，必须修复故障点。

4）检修时，严禁扩大故障范围或产生新的故障。

5）停电后要先验电，带电检修时，必须在指导教师监护下检修，以确保安全。

应知应会要点归纳

1）钻床主要用来钻削精度要求不太高的孔，还可用来扩孔、铰孔、镗孔以及修刮平面、攻螺纹等。

2）钻床根据结构型式的不同，主要有立式钻床、卧式钻床、台式钻床、深孔钻床及多轴钻床等。

3）Z3050 型摇臂钻床主要由底座、内立柱、外立柱、摇臂、主轴箱、工作台等组成。

4）进行钻削加工时，摇臂钻床的主轴旋转为主运动，而主轴的直线移动为进给运动。

5）摇臂钻床 Z3050 中的 50 是指最大钻孔直径为 50mm。

6）主电路电源电压为交流 380V，低压断路器 QF1 作为电源引入开关。控制电路的电源是由控制变压器 TC 降压后供给 110V 电压，熔断器 FU1 为电路提供短路保护。

应知应会自测题

一、填空题

1. 钻床的结构型式很多，有_____钻床、_____钻床、_____钻床、深孔钻床及多轴钻床等。

2. 摇臂钻床的主运动是_____，进给运动是_____。

3. Z3050 型摇臂钻床主要由底座、_____、_____、_____、主轴箱、工作台等组成。

4. 在 Z3050 型摇臂钻床中，只有_____电动机和_____电动机需要正、反转。

二、判断题

1. 在 Z3050 型摇臂钻床电气控制原理图（见图 10-2）中，冷却泵电动机功率很小，由开关直接控制其起动和停止。（   ）

2. 在 Z3050 型摇臂钻床电气控制电路中，摇臂松开、夹紧时，YA1、YA2 都得电。（   ）

3. 在 Z3050 型摇臂钻床电气控制电路中，当摇臂处于松开状态时，SQ3 触头处于返回闭合状态。（   ）

4. 在 Z3050 型摇臂钻床电气控制电路中，摇臂升降过程中，KT1、KM4 线圈都得电，使摇臂先松开，而后 KM5 线圈得电，使摇臂重新夹紧。（   ）

5. 在 Z3050 型摇臂钻床电气控制电路中，M2 是摇臂升降电动机，装于主轴顶部，用接触器 KM4 和 KM5 控制其正反转。（   ）

三、单项选择题

1. 摇臂钻床主轴箱在摇臂上的水平方向移动是靠（   ）。

A. 人工拉   B. 电动机拖动   C. 机械拖动

2. Z3050 型摇臂钻床的摇臂与（   ）滑动配合。

A. 内立柱   B. 外力柱   C. 升降丝杠

3. 在 Z3050 型摇臂钻床电气控制电路中，摇臂要上升一定位置，按下 SB4，（　　）先得电，然后 M2 电动机正转，才能上升。

A. KM2　　　　　　　　　B. KM1　　　　　　　　　C. KT1

4. 在 Z3050 型摇臂钻床电气控制电路中，具有失电压、欠电压保护作用的电器元件是（　　）。

A. FR1　　　　　　　　　B. KA　　　　　　　　　C. KM1

四、识图题

在图 10-3 中，万向摇臂钻床、深孔钻床、台式钻床各对应哪幅图？请在括号中填写钻床类型。

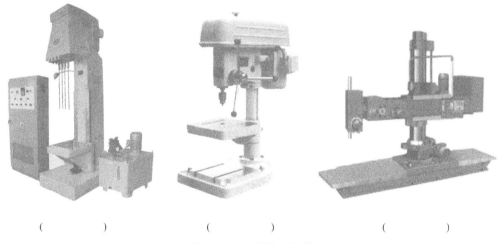

（　　　　　）　　　　　　（　　　　　）　　　　　　（　　　　　）

图 10-3　几种钻床外形

项目十一

万能铣床电气控制电路的检修

职业岗位应知应会目标

知识目标：

➤ 了解 X62W 型万能铣床的结构及运动形式。

➤ 掌握 X62W 型万能铣床的电力拖动特点。

➤ 掌握 X62W 型万能铣床的控制要求。

技能目标：

➤ 能分析万能铣床的电气控制电路。

➤ 能对万能铣床常见电气故障进行诊断与检修。

职业素养目标：

➤ 尊重生命、勇于奋斗、社会责任感。

➤ 安全意识、信息素养、质量意识。

➤ 创新思维、热爱劳动、工匠精神。

项目职业背景

铣床是机械加工中常用的加工设备，可用于加工各种表面，如平面、阶台面、各种沟槽、成型面等。铣床的种类很多，按照加工性能和结构形式不同，可分为卧式铣床、立式铣床、龙门铣床、仿形铣床等。

图 11-1 所示是几种常见的铣床实物图。

万能铣床是一种通用的多用途加工机床，它可以用圆柱铣刀、圆片铣刀、角度铣刀、成型铣刀及端面铣刀等刀具对各种零件进行平面、斜面、螺旋面及成型表面的加工，另外加装万能铣头、分度头和圆工作台等机床附件还可扩大加工范围。常用的万能铣床有两种，一种是卧式万能铣床，铣头主轴与工作台台面相平行（见图 11-1a）；另一种是立式万能铣床，铣头主轴与工作台面垂直（见图 11-1b）。

本项目以 X62W 型万能（卧式）铣床为例对铣床电气控制电路进行分析和故障检修。

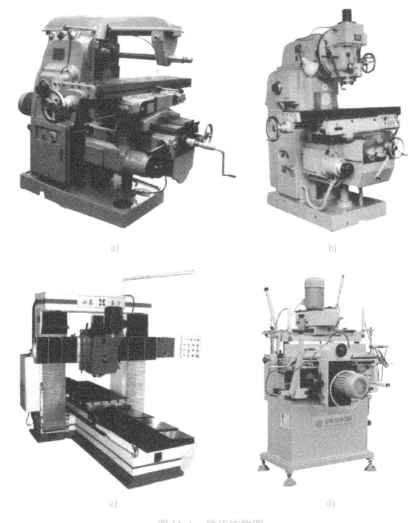

a)　　　　　　　　　　　　　　　　b)

c)　　　　　　　　　　　　　　　　d)

图 11-1　铣床实物图

a）X62W 型万能卧式铣床　b）X5032A 型立式升降台铣床

c）X2007 型龙门铣床　d）仿形铣床

任务一　X62W 型万能铣床控制电路识读

一、主要结构及运动形式

铣削加工时，铣刀安装在刀杆上，铣刀的旋转运动为主运动。工件安装在工作台上，工件可随工作台做纵向进给运动，可沿滑座导轨做横向进给运动，还可随升降台做垂直方向的进给运动。为了减少工件向刀具趋近或离开的时间，三个方向的进给运动都配有快速移动装置。图 11-2 为铣床几种主要加工形式的主运动和进给运动示意图。

铣床外形及铣削加工

X62W 型万能铣床的外形结构如图 11-3 所示，它主要由底座、床身、主轴、刀杆、悬梁、刀杆架、工作台、回转盘、横溜板和升降台等几部分组成。

铣床的型号含义如下：

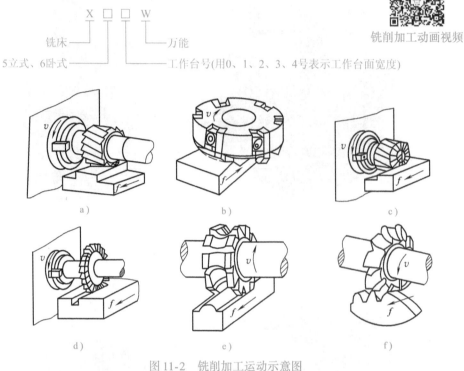

铣削加工动画视频

图 11-2　铣削加工运动示意图

a)、b) 铣平面　c) 铣阶台　d) 铣沟槽　e) 铣成型面　f) 铣齿轮

二、电力拖动特点及控制要求

铣床主轴带动铣刀的旋转运动是主运动；铣床工作台的前后、左右和上下运动是进给运动；铣床的其他运动则属于辅助运动，如工作台的回转运动、快速移动及主轴和进给的变速冲动。铣床的电力拖动控制要求与特点如下。

1）万能铣床一般由三台异步电动机拖动，分别是主轴电动机、进给电动机和冷却泵电动机。

2）铣削加工有顺铣和逆铣两种方式，因此要求主轴电动机能正反转，但在加工过程中不需要主轴反转。主轴电动机通过主轴变速箱驱动主轴旋转，并由齿轮变速箱变速，因此主轴电动机不需要电气调速。又由于铣削是多刃不连续的切削，负载不稳定，所以主轴上装

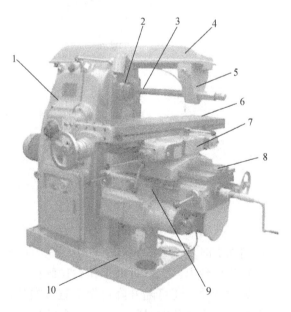

图 11-3　X62W 型万能铣床外形结构

1—床身　2—主轴　3—刀杆　4—悬梁　5—刀杆架
6—工作台　7—回转盘　8—横溜板　9—升降台　10—底座

有飞轮，以提高主轴电动机旋转的均匀性，消除铣削加工时产生的振动。但这样会造成主轴停车困难，因此主轴电动机采用电磁离合器制动以实现准确停车。

3）进给电动机作为工作台前后、左右和上下六个方向上的进给运动及快速移动的动力，也要求进给电动机能实现正反转。通过进给变速箱可获得不同的进给速度。

4）为扩大加工能力，在工作台上可加装圆形工作台，圆形工作台的回转运动由进给电动机经传动机构驱动。工作台六个方向的快速移动是通过电磁离合器的吸合和改变机械传动链的传动比实现的。

5）三台电动机之间有联锁控制。为防止刀具和铣床的损坏，要求只有主轴旋转后才允许有进给运动，同时为了减小加工件表面的粗糙度，要求只有进给停止后，主轴才能停止或同时停止。

6）为保证机床和刀具的安全，在铣削加工时，任何时刻工件都只能做一个方向的进给运动，因此采用机械操作手柄和行程开关相配合的方式实现六个运动方向的联锁。

7）主轴运动和进给运动采用变速盘进行速度选择，为保证变速后齿轮能良好啮合，主轴和进给变速后都要求电动机做瞬时点动（变速冲动）。

8）采用转换开关控制冷却泵电动机单向旋转。

9）要求有安全照明设备及较完善的联锁保护环节。

三、X62W 型万能铣床控制电路分析

X62W 型万能铣床电气控制原理图如图 11-4 所示，该电路分为主电路、控制电路和照明电路三部分。

1. 主电路分析

1~5 区为主电路，共有三台电动机。其中 M1 是主轴电动机，拖动铣刀进行铣削加工，SA3 为 M1 的换向开关，实现主轴正反转；M2 是进给电动机，通过操纵手柄和机械离合器相配合拖动工作台前后、左右、上下六个方向的进给运动和快速移动，接触器 KM3、KM4 控制电源相序，实现进给运动正反转；M3 是冷却泵电动机，供应切削液，对工件、刀具进行冷却润滑，当 M1 起动后 M3 才能起动，用手动开关 QS2 控制；熔断器 FU1、FU2 做主电路的短路保护，热继电器 FR1、FR2、FR3 分别作 M1、M2、M3 的过载保护，接触器除具有控制功能外，还具有失电压和欠电压保护功能。

2. 控制电路分析

控制电路由控制变压器 TC 输出 110V 电压供电。

（1）主轴电动机 M1 的控制　为方便操作，主轴电动机 M1 采用两地控制方式，一组按钮（SB1、SB5）安装在工作台上；另一组按钮（SB2、SB6）安装在床身侧面。KM1 控制主轴电动机 M1 的起动与停止，YC1 是主轴制动电磁离合器，SQ1 是主轴变速时瞬时点动的位置开关。主轴电动机是经过弹性联轴器和变速机构的齿轮传动链实现传动的，可使主轴具有 18 级不同的转速（30~1500r/min）。

1）主轴电动机 M1 的起动。起动前，应选好主轴的转速，然后合上电源开关 QS1，再把主轴换向开关 SA3（2 区）扳到需要的转向。SA3 的位置动作说明见表 11-1。

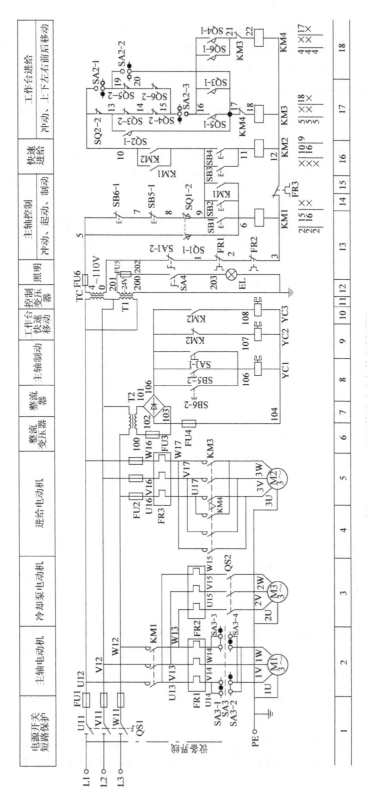

图11-4　X62W型万能铣床电气控制原理图

X62W 控制电路
三维仿真

表 11-1　SA3 的位置动作说明

触头	正转	停止	反转
SA3-1	–	–	+
SA3-2	+	–	–
SA3-3	–	–	+
SA3-4	+	–	–

注："+"表示接通；"–"表示断开。

M1 起动过程如下：

按下 SB1(或 SB2)→KM1 线圈得电
┌→KM1 常开辅助触头闭合自锁┐
├→KM1 主触头闭合　　　　　　→M1 起动运转
└→KM1(9—6)闭合→为工作台进给电路提供电源

2）主轴电动机 M1 的制动。M1 制动过程如下：

按下 SB5(或 SB6)→按钮常闭触头分断(13 区)
┌→KM1 失电→KM1 常开辅助触头断开→M1 靠惯性运转
└→SB5 或 SB6 常开触头闭合→YC1 接通制动,M1 停转

3）主轴换刀控制。M1 停转后主轴仍可自由转动。在主轴更换铣刀时，为避免因主轴转动造成更换困难，应使主轴制动。具体做法是将转换开关 SA1 扳向换刀位置，其常开触头 SA1-1（9 区）闭合，电磁离合器 YC1 线圈得电，主轴处于制动状态以方便换刀；同时其常闭触头 SA1-2（13 区）断开，切断控制电路，铣床无法运行，以保证人身安全。

4）主轴变速时的瞬时点动（冲动控制）。主轴变速箱装在床身左侧，主轴变速由一个变速手柄和一个变速盘来实现。主轴变速时的冲动控制是利用变速手柄与冲动位置开关 SQ1 通过机械上的联动机构进行的，如图 11-5 所示。变速时，先将变速手柄 3 压下，使手柄的榫块从定位槽中脱出，然后向外拉动手柄使榫块落入第二道槽内，齿轮组脱离啮合。转动变速盘 4 选定所需转速后，将变速手柄 3 推回原位，这时榫块重新落进槽内，使齿轮组重新啮合（这时已改变了传动比）。变速时，为使齿轮更容易啮合，扳动变速手柄复位时，凸轮 1 将弹簧杆 2 推动一下又返回，这时弹簧杆 2 推动

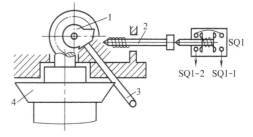

图 11-5　主轴变速的冲动控制示意图
1—凸轮　2—弹簧杆　3—变速手柄　4—变速盘

一下位置开关 SQ1（13 区），使 SQ1 的常闭触头 SQ1-2 先断开，常开触头 SQ1-1 后闭合，接触器 KM1 瞬时得电动作，电动机 M1 瞬时起动产生一冲动；紧接着凸轮 1 离开弹簧杆 2，位置开关 SQ1 触头复位，接触器 KM1 断电释放，电动机 M1 断电。此时，电动机 M1 因惯性而运转，使齿轮系统抖动。在抖动时刻，将变速手柄 3 先快后慢地推进去，齿轮便顺利地啮合。如果瞬时点动过程中齿轮系统没有实现良好啮合，可以重复上述过程直到啮合为止。切记变速前应先停车。

（2）进给电动机 M2 的控制　KM1 常开辅助触头（9—10）闭合后，工作台的进给运动控制电路得电，即主轴起动后进给运动方可进行。工作台进给可在三个坐标的六个方向进

行，即工作台在回转盘上的左右运动；工作台、回转盘和溜板一起在溜板上的前后运动；升降台在床身垂直导轨上的上下运动。这些进给运动通过两个操纵手柄和机械联动机构控制相应的位置开关进而控制进给电动机 M2 正转或反转来实现，并且六个方向的运动是联锁的，即一个时间只能进行一个方向的进给，不能同时运动。

1）圆形工作台的控制。圆形工作台可进行圆弧或凸轮的铣削加工。将转换开关 SA2 扳到接通位置，触头 SA2-1 和 SA2-3（17 区）断开，触头 SA2-2（18 区）闭合，电流经 10—13—14—15—20—19—17—18 路径，KM3 线圈得电，电动机 M2 得电运转，通过一根专用轴带动圆形工作台做旋转运动。将旋转开关 SA2 扳到断开位置，圆形工作台停止旋转，这时触头 SA2-1 和 SA2-3 闭合，触头 SA2-2 断开，可以保证工作台在六个方向的进给运动，因为圆工作台旋转运动和六个方向进给运动是联锁的。

2）工作台的左右进给运动。工作台的左右进给运动由左右进给操作手柄控制。操作手柄与位置开关 SQ5 和 SQ6 联动，有左、中、右三个位置，其控制关系见表 11-2。当手柄扳向中间位置时，位置开关 SQ5 和 SQ6 均未被压合，进给控制电路处于断开状态；当手柄扳向左位置时，手柄压下位置开关 SQ5，使常闭触头 SQ5-2（17 区）分断，常开触头 SQ5-1（17 区）闭合，接触器 KM3 得电动作，电动机 M2 正转。由于在 SQ5 被压合的同时，通过机械机构已将电动机 M2 的传动链与工作台下面的左进给丝杠相搭合，工作台向左运动。工作台向右运动与向左运动类似，只是手柄压合 SQ6，电动机 M2 反转，这里不再赘述。当工作台向左或向右进给到极限位置时，工作台两端限位挡铁碰撞手柄连杆，使手柄自动复位到中间位置，位置开关 SQ5 或 SQ6 复位，电动机的传动链与左右丝杠脱离，电动机 M2 停转，工作台停止进给，实现了左右运动终端保护。

表 11-2　工作台左右进给操作手柄及其控制关系

手柄位置	位置开关动作	接触器动作	电动机 M2 转向	传动链搭合丝杠	工作台运动方向
左	SQ5	KM3	正转	左右进给丝杠	向左
中	—	—	停止	—	停止
右	SQ6	KM4	反转	左右进给丝杠	向右

3）工作台的上下和前后进给运动。工作台的上下和前后进给运动是由一个操作手柄控制的。该操作手柄与位置开关 SQ3 和 SQ4 联动，有上、下、前、后、中五个位置，其控制关系见表 11-3。

表 11-3　工作台上下前后进给手柄位置及其控制关系

手柄位置	位置开关动作	接触器动作	电动机 M2 转向	传动链搭合丝杠	工作台运动方向
上	SQ4	KM4	反转	上下进给丝杠	向上
下	SQ3	KM3	正转	上下进给丝杠	向下
中	—	—	停止	—	停止
前	SQ3	KM3	正转	前后进给丝杠	向前
后	SQ4	KM4	反转	前后进给丝杠	向后

当手柄扳至中间位置时，位置开关 SQ3 和 SQ4 均未被压合，工作台无任何进给运动；当操作手柄扳在上或后位置时，操作手柄压下位置开关 SQ4，使常闭触头 SQ4-2（17 区）

分断，常开触头 SQ4-1（18 区）闭合，KM4 得电吸合，电动机 M2 反转，带动工作台向上或向后运动；当操作手柄扳至下或前位置时，操作手柄压下位置开关 SQ3，常闭触头 SQ3-2（17 区）分断，常开触头 SQ3-1（17 区）闭合，KM3 得电吸合，电动机 M2 正转，带动工作台向下或向前运动。

4）左右进给操作手柄与上下前后进给操作手柄的联锁控制。如果同时扳动左右、上下进给操作手柄，如把左右进给操作手柄扳到向右位置时，又将另一个进给手柄扳到向上位置，则位置开关 SQ6 和 SQ4 均被压下，触头 SQ6-2 和 SQ4-2 均被分断，切断了接触器 KM3 和 KM4 的通路，电动机 M2 只能停转，保证了操作安全。即在两个手柄中只能进行其中一个进给方向上的操作，也就是当一个操作手柄被置于某一进给方向后，另一个操作手柄必须置于中间位置，否则将无法实现任何进给运动，这是因为在控制电路中对两者实行了联锁保护。

5）进给变速时的瞬时点动。进给变速时，为使齿轮进入良好的啮合状态，也要进行变速后的瞬时点动。进给变速时，必须先把进给操纵手柄置于中间位置，然后将进给变速盘（在升降台前面）向外拉出，使进给齿轮松开，转动变速盘选定进给速度，然后将变速盘向里推回原位，齿轮便重新啮合。在推进的过程中，挡块压下位置开关 SQ2（17 区），使其触头 SQ2-2 分断，SQ2-1 闭合，电流经 10—19—20—15—14—13—17—18 形成通路，KM3 得电吸合，电动机 M2 起动运转；但随着变速盘复位，位置开关 SQ2 跟着复位，KM3 断电，M2 失电停转。这样电动机 M2 瞬时点动一下，齿轮系统产生一次抖动，齿轮便可顺利啮合了。

6）工作台的快速移动控制。在不进行铣削加工时，可使工作台快速移动，这样可提高劳动生产率，减少生产辅助工时。六个进给方向的快速移动是通过两个进给操作手柄和快速移动按钮配合实现的。装卡好工件后，选定进给方向，按下快速移动按钮 SB3 或 SB4（两地控制），KM2 得电，KM2 常闭触头（9 区）分断，电磁离合器 YC2 失电，将齿轮传动链与进给丝杠分离；KM2 两对常开触头闭合，一对使电磁离合器 YC3 得电，将电动机 M2 与进给丝杠直接搭合，另一对使接触器 KM3 或 KM4 得电，电动机 M2 得电正转或反转，带动工作台沿选定的方向快速移动。松开 SB3 或 SB4，快速移动停止。

（3）冷却泵电路的控制　主轴电动机 M1 和冷却泵电动机 M3 采用的是顺序控制，即只有在主轴电动机 M1 起动后冷却电动机 M3 才能起动。冷却泵电动机 M3 由组合开关 QS2 控制。

3. 照明与保护电路

照明电路由变压器 T1 供给 24V 的安全电压，由开关 SA4 控制。熔断器 FU5 作照明电路的短路保护。X62W 型万能铣床控制电路具有短路保护、过载保护、限位保护以及失电压、欠电压保护。

阅读材料 ↘

为什么进给电动机 M2 只有正反两个转向，而 工作台却能够在四个方向进给？

这是因为将操作手柄扳向不同的位置时，机械机构将电动机 M2 的传动链与不同的进给丝杠相搭合的缘故。当操作手柄扳向下或上时，手柄在压下位置开关 SQ3 或 SQ4 同时，通过机械机构将电动机 M2 的传动链与升降台上下进给丝杠搭合，当 M2 得电正转或反转时，传动链就带着升降台向上或向下运动；同理，当手柄扳向前或后时，操作手柄在压下位置开关 SQ3 或 SQ4，同时又通过机械机构将电动机 M2 的传动链与溜板下面的前后进给丝杠搭合，当 M2 得电正转或反转时，就又带着溜板向后或向前运动。当工作台运动到极限位置时，挡铁会碰撞手柄连杆，使操作手柄自动复位到中间位置，位置开关 SQ3 或 SQ4 复位，上下丝杠或前后丝杠与电动机传动链脱离，电动机和工作台就停止了运动。

总之，两个操作手柄被置定于某一方向，只能压下四个位置开关 SQ3、SQ4、SQ5、SQ6 中的一个，接通电动机 M2 正转或反转电路，同时通过机械机构将电动机的传动链与三根丝杠（左右丝杠、上下丝杠、前后丝杠）中的一根（只能是一根）丝杠相搭合，拖动工作台沿选定的进给方向运动。

任务二 X62W 型万能铣床常见电气故障检修

X62W 型万能铣床电气电路与机械传动配合紧密，电气维修要在熟悉电路原理和电气与机械传动的关系基础上进行。下面就铣床常见故障进行分析。

1. 主轴电动机 M1 不能起动

检修时首先应检查各个开关是否正常，然后检查电源、熔断器、热继电器的常闭触头、起动按钮、停止按钮以及接触器 KM1 的情况，如有电器损坏、接线脱落、接触不良，应及时修复；另外，还应检查主轴变速冲动开关 SQ1 是否撞坏或常闭触头是否接触不良等。

2. 工作台各个方向都不能进给

检修故障时，首先检查圆工作台的控制开关 SA2 是否在"断开"位置。若没问题，接着检查控制主轴电动机的接触器 KM1 是否已吸合动作。如果接触器 KM1 不能得电，则表明控制电路电源有故障，可检测控制变压器 TC 一、二次线圈和电源电压是否正常，熔断器是否熔断。待电源电压正常、接触器 KM1 吸合、主轴旋转后，若各个方向仍无进给运动，可扳动进给手柄至各个运动方向，观察其相关的接触器是否吸合。若吸合，则表明故障发生在主电路和进给电动机上，常见的故障有接触器主触头接触不良、脱落、机械卡死、电动机接线脱落和电动机绕组断路等。除此以外，由于经常扳动操作手柄，开关受到冲击，位置开关 SQ3、SQ4、SQ5、SQ6 的位置可能发生变动或被撞坏，使电路处于断开状态。变速冲动开关 SQ2-2 在复位时不能闭合接通或接触不良，也会使工作台没有进给。

3. 工作台能向左、右进给，不能向前、后、上、下进给

这种故障的原因可能是控制左右进给的位置开关 SQ5 或 SQ6 由于经常被压合，造成螺钉松动、开关移位、触头接触不良、开关机构卡住等，致使电路断开或开关不能复位闭合，电路 19—20 或 15—20 断开。这样当操作工作台向前、后、上、下运动时，位置开关 SQ3-2 或 SQ4-2 也被压开，切断了进给接触器 KM3、KM4 的通路，造成工作台只能左、右运动，而不能前、后、上、下运动。检修故障过程中，用万用表欧姆挡测量 SQ5-2 或 SQ6-2 的导通情况，先操纵前后上下进给手柄，使 SQ3-2 或 SQ4-2 断开，否则通过 11—10—13—14—15—20—19 的导通，会误认为 SQ5-2 或 SQ6-2 接触良好。

4. 工作台能向前、后、上、下进给，不能向左、右进给

出现这种故障的原因及排除方法可参照上面说明进行分析，重点检查位置开关的常闭触头 SQ3-2 或 SQ4-2。

5. 工作台不能快速移动，主轴制动失灵

这往往是电磁离合器出现故障所致。首先应检查接线有无脱落，整流变压器 T2、整流器中的四个整流二极管是否损坏，还有熔断器 FU3、FU6 是否正常工作，若有损坏应及时修复。其次电磁离合器线圈是用环氧树脂黏合在电磁离合器的套筒内的，散热条件差，容易发热而烧毁。另外，由于离合器的动摩擦片和静摩擦片经常摩擦，是易损件，检修时也应注意。

6. 变速时不能冲动控制

这种故障多数是由于冲动位置开关 SQ1 或 SQ2 受到频繁的冲击，在开关位置压不上开关，甚至开关底座被撞坏或接触不良，使电路断开，从而造成主轴电动机 M1 或进给电动机 M2 不能瞬时点动。出现这种故障时，修理或更换开关并调整好开关的动作距离，即可恢复冲动控制。

阅读材料

铣床维修工作票的填写

【任务描述】　按维修工作票给定的工作任务，排除铣床电气控制电路板上所设置的故障，使电路能正常工作。

【技术图样】　X621W 型万能铣床电气原理图

【模拟考题】

工作票编号 No：

发票日期：　　年　　月　　日

工位号			
工作任务	根据图 11-4 所示的 X62W 型万能铣床电气控制原理图完成电路的故障检测和排除		
工作时间	自___年___月___日___时___分至___年___月___日___时___分		
工作条件	检测及排故过程停电；观察故障现象和排除故障后通电试机		
工作许可人签名			
维修要求	1. 在工作许可人签名后方可进行检修 2. 对电路进行检测，确定电路的故障点并排除 3. 严格遵守电工操作安全规程 4. 不得擅自改变原电路接线，不得更改电路和元器件位置 5. 完成检修后能使该铣床正常工作		
故障现象描述	合上电源开关 QS1，操作面板上的所有按钮、开关、设备没有任何反应	EL 不亮，控制电路有效	合上电源开关 QS1，操作 SA4，EL 亮；主轴正反转、点动、进给正常，无快速进给
故障检测和排除过程	重点检查：电源电压 380V 是否正常，熔断器是否熔断 1. 检测电源电压，正常；检查 FU1、FU2 端电压，正常 2. 检测变压器二次电压为 0；检测一次电压为 0 3. 断开电源，利用电阻法检测从 L1、L2 到变压器的电阻	万用表测试 EL 回路是否断路，找出断路点	重点检查：快速进给电路 1. 断开电源，用电阻法检测快速进给电路 2. 检测 10 号线到接触器 KM2 线圈间的导线
故障点描述	U12 到变压器 TC 的导线断开	T1 引出端到 FU5 之间导线断开	SB3 到 KM2 线圈间的导线断开

应知应会要点归纳

1）铣床的种类很多，按照加工性能和结构形式不同，可分为卧式铣床、立式铣床、龙门铣床、仿形铣床等。

2）常用的万能铣床有两种，一种是卧式万能铣床，铣头主轴与工作台面相平行；另一种是立式万能铣床，铣头主轴与工作台面垂直。

3）铣床主轴带动铣刀的旋转运动是主运动；铣床工作台的前后、左右和上下运动是进给运动；铣床的其他运动则属于辅助运动，如工作台的回转运动、快速运动及主轴和进给的变速冲动。

4）X62W型万能铣床主要由底座、床身、主轴、刀杆、悬梁、工作台、回转盘、横溜板和升降台等几部分组成。

应知应会自测题

一、单项选择题

1. X62W型万能铣床主轴电动机M1要求正反转，不用接触器控制而用组合开关控制，是因为（　　）。

A. 改变转向不频繁　　　　B. 接触器易损坏　　　　C. 操作安全方便

2. X62W型万能铣床主轴电动机的制动是（　　）。

A. 反接制动　　B. 能耗制动　　　C. 电磁离合器制动　　D. 电磁抱闸制动

3. 主轴电动机的正反转是由（　　）控制的。

A. 按钮SB3和SB4　　　B. 组合开关SA3　　　C. 接触器KM3和KM4

4. 为了保证工作可靠，电磁离合器YC1、YC2、YC3采用了（　　）电源。

A. 交流　　　　　　B. 直流　　　　　C. 高频交流

5. X62W型万能铣床的主轴未起动，工作台（　　）。

A. 可以快速进给　　B. 不能快速进给和快速移动　　C. 可以快速移动

6. X6132型万能铣床调试前，检查电源时，首先接通试车电源，用（　　）检查三相电压是否正常。

A. 电流表　　　B. 万用表　　　C. 绝缘电阻表　　　D. 惠斯顿电桥

二、判断题

1. 对于X62W型万能铣床，为了避免损坏刀具和机床，要求电动机M1、M2、M3中只要有一台过载，三台电动机都必须停止运动。（　　）

2. 进给操作手柄被置于某一方向后，电动机M2只能朝一个方向旋转，其传动链只能与一根丝杠搭合。（　　）

3. 进给变速冲动控制也是通过变速手柄与冲动位置开关SQ1来实现的。（　　）

4. X62W型万能铣床的顺铣和逆铣加工是由主轴电动机M1的正反转来实现的。（　　）

三、读图分析

1. X62W型万能铣床主轴电动机不能起动，试分析其原因。

2. X62W型万能铣床工作台只能向前后进给，不能向左右和上下进给，试分析其原因。

3. 图11-6所示为X6132型万能铣床电气控制电路图，识读电路图，分析其控制功能。

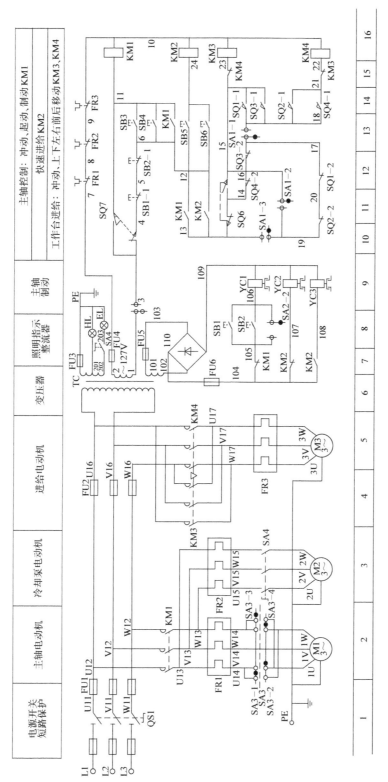

图11-6　X6132型万能铣床电气控制电路图

模块三

▶▶▶ 生产应用篇

项目十二

时控开关控制箱的装配与调试

项目分析

任务一　技术文件识读
任务二　时控开关控制箱的装配
任务三　时控开关控制箱的检测与调试

职业岗位应知应会目标

知识目标:
➤ 了解技术文件的组成。
➤ 认识常用装配工具。
➤ 掌握导线加工工艺要求。
技能目标:
➤ 能正确检查柜箱壳体。
➤ 能按图样进行电路装配。
➤ 能对控制箱电路进行调试。
职业素养目标:
➤ 通过阅读说明书学习电器元件的使用方法。
➤ 信息素养、质量意识、服务意识。
➤ 整理技术资料、技术文档、培养职业习惯。

项目职业背景

时控开关能根据用户设定的时间自动打开和关闭各种用电设备的电源。控制对象可以是路灯、霓虹灯、广告招牌灯、草坪灯,也可以是广播电视设备、工业设备等。

一般设备额定电流小于20A时,可用时控开关直接控制,如鱼缸的定时照明灯、学校上下课打铃控制等。电流较大时,可用中间继电器或接触器控制。本项目的时控开关控制箱具有手动与自动转换功能,带有起动和停止按钮以及起动和停止指示灯。

通过时控开关控制箱的装配与调试,学习元器件材料验收、元器件安装固定、接线工艺要求等,熟悉常用装配工具的使用,掌握时控开关控制箱装配与调试的方法。

任务一　技术文件识读

一、项目要求

时控开关控制箱主要技术要求如下：

1）电器元件安装符合规范。

2）电路接线采用板前明线布线。

3）每天 18：30 自动开启，每天夜间 23：20 自动关闭。

4）电路可以手动调整和自动运行。

二、技术资料

1. 电器布置图

时控开关控制箱电器布置图和门板开孔图如图 12-1 所示。

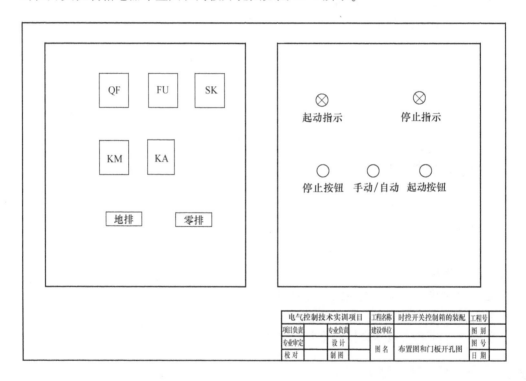

图 12-1　时控开关控制箱电器布置图和门板开孔图

2. 电气原理图

时控开关控制箱电气原理图如图 12-2 所示。

3. 电气接线图

时控开关控制箱电气接线图如图 12-3 所示。接线图标注采用点对点方式，与项目一任务二中的二维标注法略有不同。

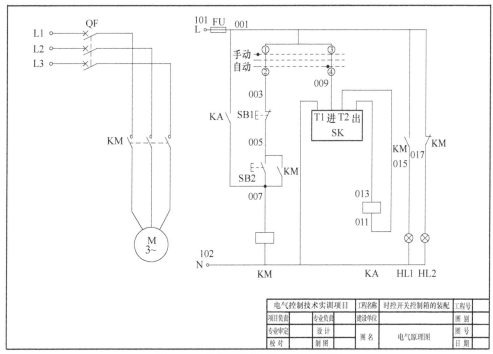

图 12-2　时控开关控制箱电气原理图

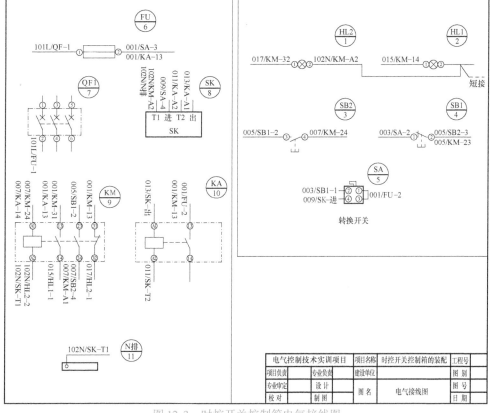

图 12-3　时控开关控制箱电气接线图

4. 工具及元器件清单

（1）设备和工具　常用装配工具有钻床、台虎钳、手电钻、锯弓、钢丝钳、尖嘴钳、剥线钳、套筒扳手、活扳手、液压钳、丝锥、铁锤、木槌、剪刀、锉刀、螺钉旋具、钢卷尺、钢直尺等。常用装配工具见表12-1。本模块的其他项目所用工具设备不再重复列出。

常用装配工具

表 12-1　常用装配工具

序号	名　称	外　形	说　明
1	台虎钳		用来夹持工件的通用夹具。装置于工作台上，用以夹稳加工工件，为钳工车间必备工具。转盘式的钳体可旋转，使工件旋转到合适的工作位置
2	手电钻		小型钻孔用工具，由小型电动机、控制开关、钻夹头和钻头几部分组成。用于建筑、装修、泛家居等行业，用于在物件上开孔或洞穿物体
3	锯弓		包括锯架（俗称锯弓子）和锯条两部分。可切断较小尺寸的圆钢、角钢、扁钢和工件等
4	钢丝钳		由钳头和手柄两部分组成，其中手柄必须带绝缘套。用于剪切或者夹持导线、金属丝、工件等
5	尖嘴钳		可用来剪断较细小的导线，或夹持较小的螺钉、螺帽、垫圈、导线等。主要用于狭小的工作空间或带电操作低压电气设备
6	剥线钳		由刀口、压线口、钳柄组成，专用于剥削较细小导线绝缘层
7	套筒扳手		适用于拧转位置十分狭小或凹陷很深的螺栓或螺母
8	活扳手		是用来紧固和松动螺母的一种专用工具。活扳手由头部和柄部组成。头部由活扳唇、呆扳唇、扳口、蜗轮和轴销等组成，旋动蜗轮可调节扳口大小

（续）

序号	名　称	外　形	说　明
9	液压钳		由油箱、动力机构、换向阀、泄压阀、泵油机构组成，专用于电力工程中对电缆和接线端子进行压接
10	丝锥		加工内螺纹的刀具，由工作部分和柄部组成。丝锥供加工螺母或其他机件上的普通内螺纹用
11	铁锤		铁锤是敲打物体使其移动或变形的工具，常用来敲钉子，矫正或是将物件敲开
12	木槌		木槌指的是木制槌子，主要用于通风管道安装，敲击时能对产品的表面进行保护
13	剪刀		剪刀是切割布、钢板、绳、圆钢等片状或线状物体的双刃工具
14	锉刀		锉刀又称钢锉，由锉身、手柄组成。它是用于锉光工件的手工工具，用于对金属、木料、皮革等表面做微量加工
15	螺钉旋具		俗称改锥或螺丝刀，是拆卸和紧固螺钉的工具，通常有一字式和十字式两种，其手柄分为木制手柄、塑料手柄、金属手柄等
16	钢卷尺		钢尺是度量零件长、宽、高、深及厚等的量具，其测量精度为 0.3 ~ 0.5mm。钢尺分为钢直尺和钢卷尺。钢卷尺一般用于测量较长工件的尺寸或距离
17	钢直尺		钢直尺用于测量零件的长度尺寸，刻度有英制和公制两种。对尺寸精确测量时需要用游标卡尺、千分尺等量具

（2）元器件清单　时控开关控制箱所用电器元件见表12-2。

表12-2　时控开关控制箱所用电器元件明细表

序号	名　称	型号与规格	数　量
1	低压断路器	DZ47—32/3P，D20，380V	1个
2	交流接触器	CJX1—1222，AC220V	1个
3	熔断器	RT14，配6A熔体	1只
4	中间继电器	HH53P/A，线圈电压220V	1只
5	时控开关	KG316T	1只
6	转换开关	LW5—16/2	1只
7	按钮	LAY7或NP4—11BN，22mm，1绿1红	2只
8	指示灯	ND16—22DS，AC220V，红绿各1只	2只
9	塑料软铜线	BVR1.5mm²、1mm²、0.75mm²	若干
10	零排、地排	7位零排，7位地排	各1条
11	扎带	4×150mm	若干

任务二　时控开关控制箱的装配

一、装配前的准备

1）熟悉电器布置图、电气原理图和电气接线图，确定安装工序。填写工艺流程卡，见表12-3。

表12-3　工艺流程卡

产品名称	时控开关控制箱	型号规格		
工序	操作者	检验结果	检验员	检验日期
柜箱壳体检查				
元器件、材料验收				
元器件装配				
电路接线				
电路调试				
一致性检查				
出厂检验				
备注				

2）柜箱壳体检查。参照以下标准检查柜箱壳体是否合格：

① 壳体焊接应牢固，焊缝应光洁均匀，不应有焊穿、裂缝、咬边、溅渣、气孔等现象，焊药皮应清除干净。

② 壳体表面处理后，漆膜表面应丰满、色彩鲜明、色泽均匀、平整光滑，用肉眼看不

到刷痕、皱痕、针孔、起泡、伤痕、斑痕、手印、修整痕迹、露底及黏附的机械杂质等缺陷。

③ 产品上所有电镀件的镀层（包括元器件本身的电镀件的镀层及紧固件）不得有起皮、脱落、发黑、生锈等现象。

④ 检查接收柜箱壳体、柜内结构件、安装板、安装梁等部件尺寸及开孔等是否与图样相符合。

⑤ 门应能在大于90°角内灵活转动，门在转动过程中不应损坏漆膜，不应使电器元件受到冲击，门锁上后不应有明显的晃动。手执门锁轻轻推拉，移动量不超过1.5mm。

二、元器件、材料验收

根据相关的图样和电器元件明细表领取所需的元器件、辅件、标准件（紧固件），并核对数量、规格、型号及有关技术参数（如额定电压、额定电流、接通和分断能力、短路强度等）是否符合设计与用户的要求。领料时要小心轻放。

1）领取并检查工具是否完好。

2）根据电器元件明细表领取本项目所需电器元件及绝缘导线、绝缘支撑件等辅料。

3）对所领元器件、绝缘导线、绝缘支撑件进行外观检查，保证外壳无裂痕或损伤。检查元器件规格型号、电压等级、电流容量等是否与图样相符合。

4）对电磁类器件的线圈进行通电检测。

 职业标准链接

元器件检查技术要求

1）进行外观检查，外观应完好且附件齐全、排列整齐、固定牢固、密封良好。检查电器元件动作是否灵活，是否有破损，有无卡阻现象，如有破损或影响电气和机械功能，或者无出厂合格证者严禁使用。

2）检查电器元件是否有锈迹和污渍，并将其处理干净。

3）低压断路器、按钮类元器件要求手动开合测试5次以上。

三、元器件安装

阅读各电器元件的安装使用说明书，明确其安装步骤及注意事项；阅读装配图，明确该电器元件的安装位置和隔离距离。对于某些开关（如DW15断路器），应保证足够的间隔距离（大于开关的飞弧距离），防止电弧引起的短路现象。认真阅读该产品的安装总图或安装简图，以了解装置内元器件的数量、布置情况，以免装错。选择一个合理安装布局方案，同一批安装方式、位置均应统一。

安装步骤如下：

（1）画线 对于安装接触器、熔断器、热继电器、小型断路器、仪表等电器元件的安装板，应先画好开孔位置及开孔大小。本项目固定导轨的螺钉安装孔的孔径为φ4.2mm，零排、地排固定孔径为φ6mm，指示灯和控制按钮安装孔径为φ22.5mm。

（2）开孔 对于小的安装孔，用手电钻直接开孔，对于按钮、指示灯这些较大的孔，可先用手电钻开一个小孔，再用液压开孔器扩孔，如图12-4所示。

用开孔器扩孔

图 12-4 用液压开孔器扩孔

（3）裁剪导轨 用导轨切割机裁取所需长度的导轨，如图 12-5 所示。

导轨的裁剪

图 12-5 用导轨切割机裁剪导轨

（4）元器件安装 安装控制箱底板上的低压断路器、交流接触器、时控开关等电器元件，然后再整体将安装板固定在柜（箱）内，用螺钉紧固牢靠，注意加螺钉防松垫。将按钮、指示灯固定在门板上，如图 12-6 所示。

（5）护线橡胶圈安装 在穿线孔上安装护线橡胶圈，如图 12-7 所示。

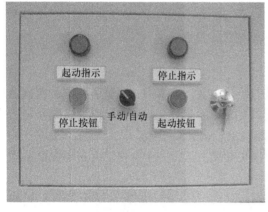

图 12-6 柜门上的元器件

图 12-7 安装护线橡胶圈

护线橡胶圈的安装

职业安全提示

元器件安装注意事项

1）阅读器件布置图，明确各元器件的安装位置和间隔距离。

2）元器件应按说明书要求安装，留有足够的飞弧间距和拆卸灭弧栅的空间。

3）安装元器件应与元器件布置图一致，严禁漏装错装。

4）元器件布局应整齐、美观、横平竖直。

四、电路接线

1）按照先门线后内部、先上后下的顺序接线。

2）多股导线接头应压接冷压端子，本项目选U形1.5－3冷压端子。

3）线束制作见"线束制作技术要求"。

4）导线与中性线排或地线排连接时，要弯成羊眼圈。

5）清理现场，整理工具，使工作现场符合"8S"要求。

时控开关控制箱接线完成图如图12-8所示。

导线羊眼圈的
制作与安装

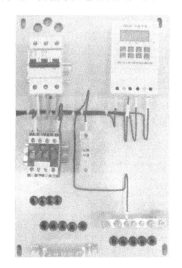

图12-8 时控开关控制箱接线完成图

职业标准链接

线束制作技术要求

1）多根导线配置时应捆扎成线束，线束可以制成方形、长方形或圆形，一般用尼龙拉扣或缠绕管捆扎成圆形。采用塑料缠绕管捆扎时，线束内导线间不得有相互绞缠现象，塑料缠绕管捆扎线束可根据线束直径选择适当材料，见表12-4，缠绕管捆扎线束时，每节间隔5～10mm，力求间隔一致。缠绕管的接头处留在不可见部位。

表 12-4　塑料缠绕管使用

名称	型号规格	适用导线束的外径	
塑料缠绕管	PCG1—6	$\phi 6 \sim \phi 12mm$	10 根线
	PCG1—12	$\phi 12 \sim \phi 20mm$	20 根线
	PCG1—20	$\phi 20 \sim \phi 28mm$	30 根线

2) 线束要求横平竖直、层次分明、整齐美观。外层导线应平直，内层导线不扭曲或扭绞，在排线时要将贯穿上下的较长导线排在外层，分支线与主线成直角，从线束背面或侧面引出，结束弯曲宜逐条用手弯成小圆角，其弯曲半径应大于导线直径的 2 倍，不准用工具强行弯曲。

3) 线束应用吸盘与箱体固定，两扎带捆扎距离水平时每 300mm、垂直时每 400mm 固定一次。要求一台产品内或一产品段内距离应一致。在线束始末两端弯曲及分线前后必须扎牢，而在线束中间则要求均匀分布，不得任意歪斜交叉连接（若导线装于行线槽时，仍然按照以上尺寸对其进行固定）。

4) 用扎带捆扎时应注意形状美观，保持线束平直挺括，捆扎时扎带应锁紧，扎带锁头位置一般放在侧边上角处，扎带尾线留 3mm 长为宜。也可将二次线敷设在专为配线用的塑料行线槽内。此时，只需将导线整理好而无须捆扎。

5) 二次线在敷设途中可依次分出或补入需要连接的导线，从而逐渐形成总体线束与分支线束，如图 12-9a 所示。

6) 用于连接可动部分（如门上）的电器导线应采用多股软导线，并留有适当的余量。导线根数超过 35 根时分两股捆扎，超过 70 根时分三股捆扎。

7) 线束固定要求牢固、不松动。在两个固定点外不允许有过大的颤动，当线夹与线束间有空当时，可用残余线头去填补，并可适当加垫塑料或黄蜡绸，以防止松动。

8) 安装线夹时，可按导线数量多少选用不同规格的线夹。二次导线用支架及线夹固定。支架的间距：低压柜一般情况下，横向不超过 300mm，纵向不超过 400mm；高压柜一般情况下，横向不超过 500mm，纵向不超过 600mm。

9) 当导线两端分别连接可动与固定部分时，如跨门的连接线，必须采用多股铜导线，并且要留有足够长度的余量，以免因弯曲产生过度张力使导线受到机械损伤，并在靠近端子处要用线夹卡紧固定线束。过门处的线束一端固定在柜箱的支架上，另一端固定在活门的支架上，这一段线束的长度应是活门开启到最大限度时，两支架间距离的 1.2 ~ 1.4 倍，并弯成 U 形，外面套上缠绕管，以保证门在开启过程中不损伤导线，如图 12-9b 所示。

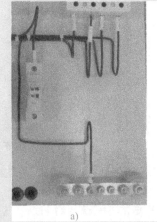

a)　　　　　　　　　　b)

图 12-9　线束工艺

a) 线束的汇总与分开　b) 过门线束

任务三 时控开关控制箱的检测与调试

一、电路检查

控制箱安装完毕，按照工艺要求检查装配质量，按图样要求逐一检查元器件及各零部件是否符合要求。

1）检查整个工艺过程是否符合工艺要求。

2）检查各种电器元件的规格型号、导线规格是否正确，是否符合图样要求。

3）各类电器元件安装应符合设计要求，固定牢固无松动，排列整齐。螺钉、螺栓紧固后宜露出螺母2~3扣。固定元件的紧固件应拧紧、无打滑及损坏镀层等现象，不接线的螺钉也应拧紧。

4）安装接触器、继电器时，应检查其可动部分是否灵活可靠。

5）检查线束的敷设、标号套装及走线、接线、各接线点的紧固是否牢固可靠，是否符合工艺质量要求。

6）在安装信号灯和按钮时，应严格按接线图规定的颜色和位置来安装。

7）控制箱门锁的开闭应灵活可靠。

8）对需要机械操作的部件，在控制箱安装好之后操作5次，检查与这些动作相关的机械联锁机构的工作情况，如果元器件、联锁机构、规定的防护等级等的工作状态未受损伤即为合格。

二、时控开关参数设置

仔细阅读时控开关产品说明书，或参阅附录A，进行时控开关的参数设置。

1）系统时间设置。按住"时钟"键不放，同时再按"校时""校分""校星期"键，进行系统时间的设置。

2）开关时间设置。参照说明书中"定时设置"介绍的步骤，先消除原来设置的几组开关时间，再重新设置本项目要求的开关时间。

三、电路调试

对安装好的时控开关控制电路进行自检，并经教师检查无误后，通电进行电路调试。

四、贴标签

1）对于检验合格的产品，在柜门下方贴合格证，并装订好铭牌。

2）按"8S"要求整理好工作现场，将工具放到指定位置。

五、出厂前检验

出厂前的检验为产品的最后一道质量关，检验内容主要有：

1）结构件安装检查。

2）电器元件安装检查。

3）电路安装检查。

4）保护电路检查。

阅读材料

二次线接线工艺要求 (一)

一、标号

1) 所有仪表、继电器、电气设备、端子板及连接的导线两端均应有完善、清楚、牢固、正确的号码管，组件本身接点间的连线或相邻组件间明显可见的边线可不予标号。

2) 所有号码管数字与接线图所标注的一致，要求字迹清晰，用打号机打印在专用套管上，套管直径应与套装的导线粗细匹配。一般采用圆形号码管，主要规格有 ϕ3mm、ϕ5mm、ϕ6mm。

3) 号码管的长度一般根据线号长短由打号机自行输出，套到导线上时要求数字排列方向统一。

4) 号码管在接线后的识读方向，水平方向从左到右，垂直方向从下到上，如图12-10所示。

5) 羊眼圈的弯制方向与尺寸如图12-10所示。

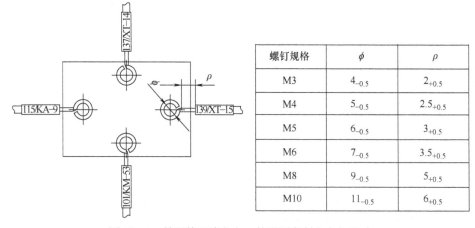

螺钉规格	ϕ	ρ
M3	$4_{-0.5}$	$2_{+0.5}$
M4	$5_{-0.5}$	$2.5_{+0.5}$
M5	$6_{-0.5}$	$3_{+0.5}$
M6	$7_{-0.5}$	$3.5_{+0.5}$
M8	$9_{-0.5}$	$5_{+0.5}$
M10	$11_{-0.5}$	$6_{+0.5}$

图12-10 号码管识读方向、羊眼圈弯制方向与尺寸

二、接线要求

1) 使用BVR多股导线时，应在端头处压接经过电镀处理的铜制冷压端子。冷压端子的口径应与导线线径匹配。

2) 分路部分到单排仪表的线束布置如图12-11所示。

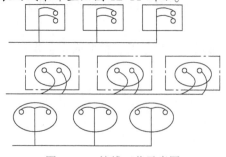

图12-11 接线工艺示意图

仪表、按钮和指示灯的接线实物图如图 12-12 所示。

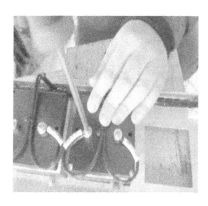

图 12-12　仪表、按钮和指示灯的接线实物图

消防排烟风机控制柜的装配与调试

项目分析

任务一　技术文件识读
任务二　消防排烟风机控制柜的装配
任务三　消防排烟风机控制柜的检验

职业岗位应知应会目标

知识目标：
➤ 了解技术文件的组成。
➤ 能识读电气接线图。
➤ 掌握二次线配线工艺要求。
技能目标：
➤ 能熟练使用装配工具。
➤ 能按电气接线图进行一、二次线配线。
➤ 能对电路进行检查和调试。
职业素养目标：
➤ 规范操作、遵纪守法、爱岗敬业。
➤ 安全意识、质量意识、团队协作。
➤ 热爱劳动、精益求精、工匠精神。

项目职业背景

　　消防排烟设施的作用是在火灾发生时及时而有效地排除火灾初起区域和蔓延到未着火区域的烟气，防止火灾烟气扩散到未着火区域和疏散通道，为受灾人员的疏散、物资财产的转移、火灾的扑救创造时间和空间上的条件。防排烟系统一般由送/排风管道、管井、防火阀、门开关设备、送/排风机等设备组成。本项目通过消防排烟风机控制柜的装配，学习控制柜的安装工艺要求、配线工艺要求以及控制柜的检验方法。

任务一　技术文件识读

一、项目要求

1）风机主要技术参数。电动机型号为 Y100L4—4，额定转速为 1450r/min，额定功率为 4kW，流量为 6352m³/h，全压为 1142Pa，效率为 75%。

2）各类电器元件符合规范标准。柜内动力线相色规定：相线 L1（U 相）为黄色，相线 L2（V 相）为绿色，相线 L3（W 相）为红色，中性线为浅蓝色，接地线为绿-黄双色。

3）排烟风机采用直接起动方式，由消防报警系统通过无源触点信号控制消防风机的起停。

4）应有对排烟风机的保护功能，如过载、过电压、短路、断相、欠电压等，并有声光报警功能。

5）具有进行就地手动操作（可对风机测试）和远程控制功能。

6）控制柜应提供风机运行和故障的无源触点信号并传至消防控制室。

二、技术资料

1. 电器布置图和门板开孔图

消防排烟风机控制柜电器布置图和门板开孔图如图 13-1 所示。

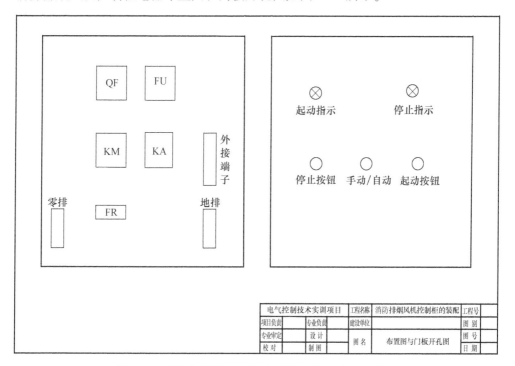

图 13-1　消防排烟风机控制柜电器布置图和门板开孔图

2. 电气原理图

消防排烟风机控制柜的电气原理图如图 13-2 所示。

3. 电气接线图

消防排烟风机控制柜的电气接线图如图 13-3 所示。

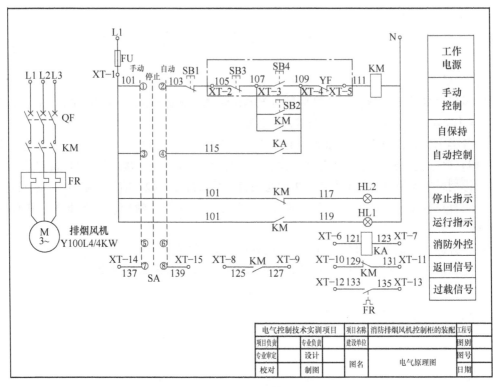

图 13-2　消防排烟风机控制柜的电气原理图

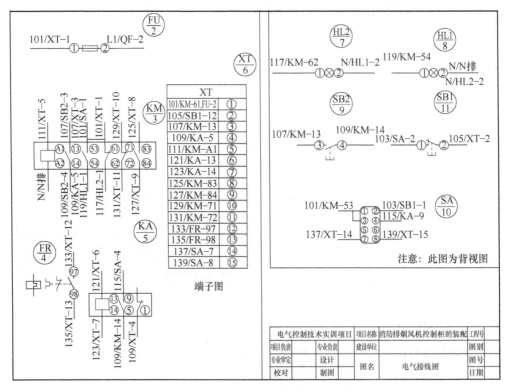

图 13-3　消防排烟风机控制柜的电气接线图

在图 13-3 中，圆圈内表示元器件的文字符号，与原理图中一致。导线旁边的标注，"/"前面是线号，"/"后面表示导线接到哪里。如"111/XT-5"的含义是线号为 111 的导线接到端子板 XT 的 5 号端子上，同理 HL2 上的"119/KM-62"的含义是线号为 119 的导线接到接触器 KM 的 62 号端子。

4. 工具及元器件清单

消防排烟风机控制柜装配所用的电器元件见表 13-1，其余电器元件安装在现场。请读者将表 13-1 中元器件型号与规格补充完整。

表 13-1　电器元件明细表

序号	名　　称	型号与规格	数　　量
1	三相异步电动机	Y100L4—4，4kW，1450r/min	1 台
2	低压断路器	DZ47—32/3P，D20，380V	1 个
3	交流接触器	CJX1—1222，线圈电压 220V	1 个
4	热继电器	JRS1—09—25/Z 整定电流 9.6A，配底座	1 只
5	中间继电器	HH53P/A，线圈电压 220V	1 只
6	熔断器及熔体	RT18—32 ，500V，配 20A 和 4A 熔体	1 只
7	按钮	LAY7 或 NP4—11BN，22mm，1 绿 1 红	2 只
8	转换开关	LW5—16	1 只
9	指示灯	ND16—22DS，220V	2 个
10	接线端子板	TB1515 ，600V	2 条
11	零排、地排	7 位零排，7 位地排	各 1 只
12	导轨	35mm×200mm	1 个
13	标字框		5 个
14	导线	BVR1.5mm^2	若干
15	导线	BVR 2.5mm^2	若干
16	号码管	自定	若干
17	热缩管		若干

任务二　消防排烟风机控制柜的装配

一、原材料准备与发放

在控制柜装配前，首先对图样进行分析，了解相关技术参数。然后接收柜箱壳体、柜内结构件、安装板、安装梁等部件，检查各部件尺寸及开孔等是否与图样相符合，完成图样及相关元器件的统计、准备与分配。材料由技术组统一发放和管理，确保准确无误。

二、领取材料

分组领取工具和材料。

1）领取并检查工具是否完好。

2）根据电器元件明细表领取本项目所需电器元件及辅料。

181

3）对所领元器件、绝缘导线、绝缘支承件进行外观检查，保证外壳无裂痕或损伤。检查元器件规格型号、电压等级、电流容量等是否与图样符合。

4）低压断路器、按钮类电器元件要求手动开合测试5次以上。

5）对电磁类电器元件线圈进行通电检测。

💡 **特别提示**

1）注意所选电器元件的型号规格是否符合技术要求。

2）所选元器件及辅料应与图样一致。

3）电磁类电器元件线圈通电时应注意用电安全。

三、元器件安装

元器件的安装要考虑到用户使用、维修、更换的方便及放置二次线、母排等所需的空间。元器件的安装方向及位置应符合说明书要求，对需要在装置内操作、调整和复位的元器件应留有空间，便于操作和维护，操作手柄的分、合不应与装置或其他元器件发生碰撞，并应保证操作者在操作时手部不受损伤。元器件本身的铭牌和标记应尽可能安装在便于观察的位置，同时元器件间不得互相影响各自的正常工作。安装结束后，按照工艺要求检查装配的质量，按图样要求逐一检查元器件及各零部件是否符合要求。

安装步骤如下：

1）画线。按照图13-1所示电器布置图和门板开孔图，用三角尺和铅笔画出底板和门的开孔位置及开孔大小，固定导轨开孔孔径为 $\phi 4.2mm$，固定热继电器开孔孔径为 $\phi 4.2mm$，零、地排固定孔径为 $\phi 6mm$，指示灯和控制按钮安装孔径为 $\phi 22.5mm$。

2）开孔。常用开孔设备有手电钻、台钻、冲床等，由于本项目门板尺寸较大，元器件的安装孔用的是深喉冲床，螺钉的固定孔用的是手电钻，深喉冲床和手电钻如图13-4所示。开孔完成后要及时测量，查看误差是否在允许范围内。

a)　　　　　　　　　　　　　　　b)

图13-4　常用开孔设备

a）深喉冲床　b）手电钻

手电钻的使用
动画视频

3）取出领取的元器件和辅料并与图样对照，再次核实是否正确无误。

4）安装控制柜柜门及门上的指示灯和控制按钮。安装时注意每个灯或按钮都要安装一个标题框。

5）安装控制柜底板上的低压断路器、交流接触器、热继电器、零排、地排、接线端子。

四、二次线安装

熟悉二次接线图样中配电系统和回路等编号，按照二次接线图图样中的编号、顺序和要求将导线型号规格、长度、需制作标号字母等记录在纸上，并仔细核对，确认无误。备好辅助材料，包括导线、线号、扎带、定位片、缠绕管、绝缘套管、塑料垫圈、线耳以及相应规格的标准紧固件。

1）阅读布置图，核对元器件的安装位置。

2）二次线安装操作流程：放线→穿线号→绕缠绕管→固定线匝→粘托固定→压接端子→接线。

3）按照先门线后内部，先上后下的顺序接线。

4）多股导线接头应压接冷压端子，本项目选 U 形 1.5-3 接线端子。

5）清理现场，整理工具，使工作现场符合"8S"要求。

职业标准链接

跨门接线技术要求

1）跨门接线形式如图 13-5 所示。

2）跨门接线应成 U 形或 S 形，线长以门开启到最大位置及关闭时，线束不受其拉伸与收缩而损坏绝缘层为准，如图 13-6 所示。

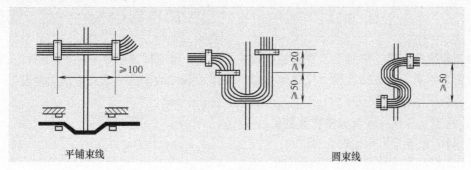

平铺束线　　　　　　　　　　圆束线

图 13-5　跨门接线形式

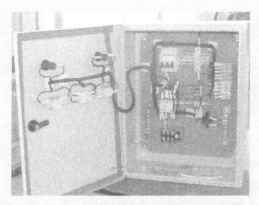

图 13-6　跨门的 U 形接线

五、一次线安装

按照图 13-2 所示电气原理图进行一次线的接线。绝缘导线选用 BVR 或 BV 聚氯乙烯导线。导线规格和颜色应符合图样或标准要求。

1）根据元器件距离放线，按需取线，避免浪费。

2）剥线时，线头长度以 8mm 左右为宜，确保下一步接线时露铜量合适。

3）压接导线时露铜量以 1~2mm 为宜，若露铜过长，在运行时易发生触电或者导线变形后搭接造成短路，而露铜过短易发生压接线皮造成隐蔽断路。

4）操作完成清理现场，整理工具。

 **职业安全提示**

一次线接线注意事项

1）注意所选导线的型号规格是否符合技术要求。

2）对于不影响后续安装的构架梁应予以紧固；影响后续安装的构架梁的固定螺栓应先拧上，可以不马上紧固，待安装好后续元器件后再予以紧固。

3）压接导线应牢固可靠以免造成虚接。

4）布线应与原理图一致。

任务三　消防排烟风机控制柜的检验

控制柜安装完毕，按照工艺要求检查装配的质量，按图样要求逐一检查元器件及各零部件是否符合要求，二次接线端子位置如有影响操作元器件动作的，应立即给予调整。

一、外观检查

1）检查元器件外观有无损伤及划痕。

2）导线布置及标号正确合理。

 **特别提示**

电气间隙是各相序（一般高压 A、B、C 三相，低压还有 N 相）能够正常工作的相互之间的空气中裸露距离，否则会出现拉弧、放电等现象，轻则熔断器会自动跳开，重则将烧毁设备。爬电距离是两个导电部件之间或一个导电部件与设备及易接触表面之间沿绝缘材料表面测量的最短空间距离（例如，绝缘端子一端是导电铜排，另一端固定在箱体上，那么绝缘端子的长度就是爬电距离）。

3）电气间隙不小于 10mm，爬电距离不小于 12.5mm。

二、保护电路连续性的检查

1）直观检查螺钉连接是否接触良好以及防松措施是否有效。

2）测量导电金属件与接地螺钉间连接电阻，阻值不应大于 100MΩ，并应进行防护等级检查。

3）保护电路的连续性检查。

4）操作完成清理现场。

三、出厂前检验

出厂前的检验为产品的最后一道质量关，检验内容主要如下：

1）结构件安装检查。

2）元器件安装检查。

3）一次电路安装检查。

4）二次电路安装检查及调试。

5）保护电路检查及参数设置。

6）形成检验报告。

四、贴标签

检验合格的产品，在柜门下方贴合格证，并装订好铭牌。按"8S"要求整理好工作现场，将工具放到指定位置。

阅读材料

二次线接线工艺要求（二）

1）对于不影响后续安装的构架梁应予以紧固；影响后续安装的构架梁的固定螺栓应先拧上，可以等安装好后续电器元件后再予以紧固，如图 13-7 所示。

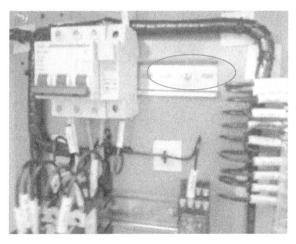

图 13-7　影响后续安装的固定螺栓先不紧固

2）接地保护线应为绿-黄双色线，如图 13-8 所示。

3）导线要穿号码管，线号要与接线图标注一致，穿好线号后用手随便在线头处扭个弯，以防线号脱落，如图 13-9 所示。

4）线号的识读方向在装配位置以开关板维护面为准，字的顺序自下而上、自左而右，如图 13-10 所示。

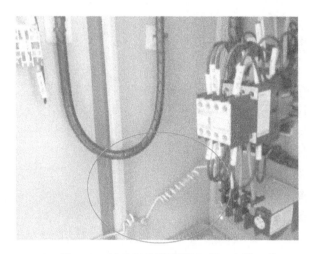

图 13-8　接地保护线采用绿-黄双色线

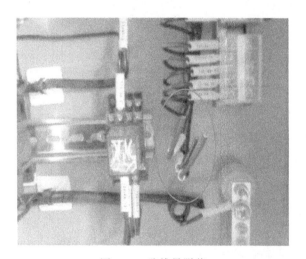

图 13-9　防线号脱落

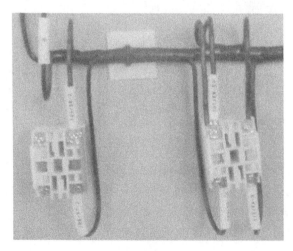

图 13-10　线号识读方向

5）端子板水平或垂直放置时，左右、上下引出的导线都要弯曲半圈后，再以40mm间距进入端子板，如图13-11所示。

6）完成后的排烟风机控制柜如图13-12所示。

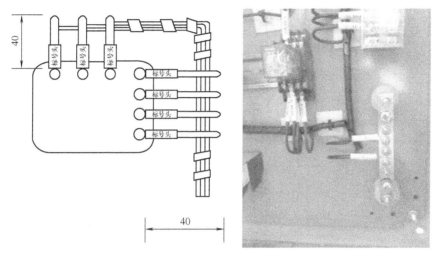

图 13-11　导线进入端子板

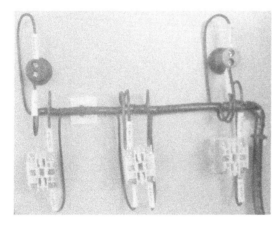
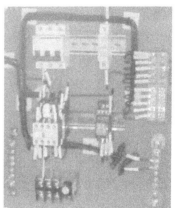

图 13-12　排烟风机控制柜

项目十四

变频恒压供水控制柜的装配与调试

职业岗位应知应会目标

知识目标：
➤ 能识读原理图、元器件布置图、接线图。
➤ 掌握变频器、电流互感器的接线方法。
➤ 掌握配线工艺要求。
➤ 掌握配电柜检测方法。

技能目标：
➤ 能正确安装元器件。
➤ 能正确安装变频恒压供水控制柜电路。
➤ 能正确调试变频恒压供水控制柜电路。

职业素养目标：
➤ 严谨认真、科技报国、团队合作。
➤ 信息素养、安全意识、质量意识。
➤ 创新精神、劳动精神、工匠精神。

项目职业背景

随着变频调速技术的发展和人们对生活饮用水品质要求的不断提高，变频恒压供水设备已广泛应用于多层住宅小区及高层建筑的生活、消防供水系统。变频恒压供水是利用变频器无级调速的特性，通过自动控制压力的原理，在出水口水量发生变化时，保持管网内水压恒定，以满足生活区供水要求。变频恒压供水设备一般具有设备投资少、自动化程度高、操作控制方便等特点。

交流电动机变频调速技术是近年来发展起来的一项高新技术，其主要原理是根据电动机不同的负荷、工艺或转矩要求，通过交流变频调速器调节电动机的转速，使其改变电动机主轴的输出特性。变频调速技术应用于水泵、风机等流体负载时，可使流体的流量、压力根据实际需要自动恒压或恒流量调节。它比采用阀门、节流孔板调节流量或压力节省电能，同时可以延长设备使用寿命。

变频控制柜的用途广泛，可应用于化工、化纤、冶金、铸造、印染及纺织、塑料、水泥等各行业的不同环境。

任务一　技术文件识读

一、项目要求

1）水泵采用变频控制，要求操作简便，维护方便。

2）具有完善的电器安全保护功能，能实现过电流、过电压、过载等保护。

3）潜水泵额定电压为380V，额定功率为30kW。

4）变频器（30kW）采用台达变频器，型号为SVF D300C43A。

5）工作过程安全，仪器仪表操作安全，工具使用安全、规范。

6）物品摆放合理、整齐，保持实训场所干净整洁。

二、技术资料

1. 电器布置图和门板开孔图

变频恒压供水控制柜电器布置图和门板开孔图如图14-1所示。

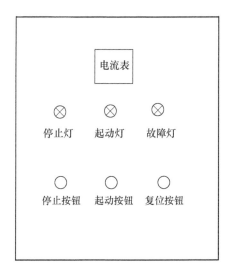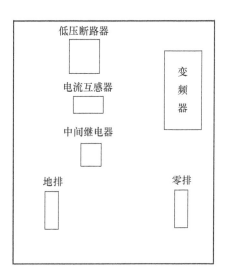

图14-1　变频恒压供水控制柜电器布置图和门板开孔图

2. 电气原理图

变频恒压供水控制柜的电气原理图如图14-2所示。图中，SB1为停止按钮，SB2为起动按钮，SB3为复位按钮，HL1为起动灯，HL2为停止灯，HL3为故障灯。

3. 电气接线图

变频恒压供水控制柜电气接线图如图 14-3 所示。

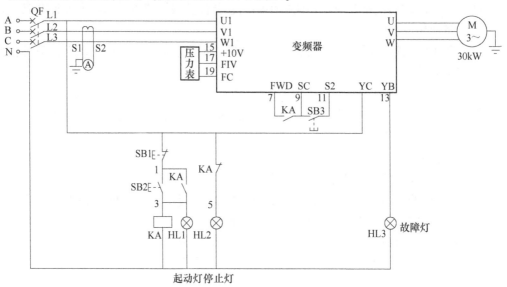

图 14-2　变频恒压供水控制柜的电气原理图

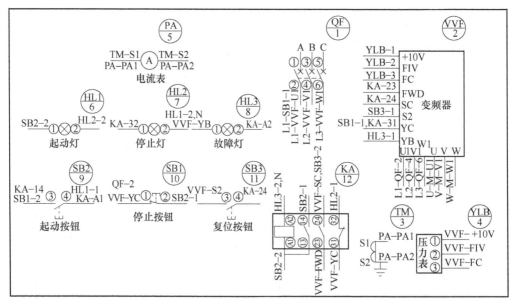

图 14-3　变频恒压供水控制柜电气接线图

4. 工具及元器件清单

变频恒压供水控制柜所用的电器元件明细表见表 14-1，其余元器件安装在现场。

表 14-1　电器元件明细表

序号	名　称	型号与规格	数　量
1	变频器	SVFD 300 C43A	1 台

（续）

序号	名　称	型号与规格	数　量
2	塑壳断路器	NM1—100S/3300/ 100A	1 只
3	电流互感器	SDH—0.66，φ30，100/5，0.2 级	1 只
4	中间继电器	JZX—22F/006—2Z1，AC220V	1 只
5	按钮	NP4—11BN，AC220V	3 只
6	指示灯	ND16—22DS，AC220V	3 只
7	电流表	62L4 100/5	1 只
8	压力表		1 只

任务二　变频恒压供水控制柜的装配

在控制柜装配前，首先对图样进行分析，了解相关技术参数。然后接收柜箱壳体、柜内结构件、安装板、安装梁等部件，检查各部件尺寸及开孔等是否与图样相符合。完成图样及相关元器件的统计、准备与分配。原材料由技术组统一发放和管理，确保准确无误。

一、组装柜体

测量各柜体长、高、深和侧面、后面、底面对角线之差，门与门、门与外壳的间隙不均匀差及安装尺寸、颜色、外表质量等符合图样或规定要求，喷涂层附着力试验符合规定要求。按技术要求和元器件尺寸安装柜体的横梁和竖梁，并安装上门和下门。

二、元器件的安装

元器件的型号规格符合图样要求，留有足够的飞弧间距和拆卸弧栅的空间。外部接线用的连接端子应使其在安装、接线、维修和更换时易于进行，安装位置应在不低于装置基础面0.2m 高处，并为电缆连接预留必要的空间。所有电器金属外壳（如装置的框架，仪用变压器的金属外壳，开关仪器仪表的金属外壳及金属外壳手动操作机构等）均应有效接地。

三、二次线装配

按照二次布线图进行安装，导线规格和颜色应符合图样或标准要求。多股导线应采用冷压端子进行连接，压接应牢固可靠。导线不应贴近裸露带电部件或带尖角的边缘敷设，应使用线夹固定在骨架或支架上，最好敷设在线槽内。穿过钢制金属隔板的导线穿线孔要加护套。

在可移动的地方要采用套管加以保护，并留有一定余量。一个端子一般只连接一根导线，当需要连接两根或两根以上的导线时，应采取措施以确保连接可靠。

线束配置应横平竖直、整齐美观。线束应用吸盘与箱体固定，两扎带捆扎距离水平时每300mm、垂直时每400mm 固定一次。要求一台产品内或一产品段内捆扎距离应一致。在线束始末两端弯曲及分线前后必须扎牢，而在线束中间则要求均匀分布。不得任意歪斜交叉连接（当导线装于线槽时，行线槽仍然按照以上尺寸对其进行固定）。如果线束较多，可根据具体情况设定捆扎距离。二次线装配与线束的固定如图 14-4 所示。

四、一次线装配

导线规格和颜色应符合图样或标准要求，多股导线应采用冷压端子进行连接，压接应牢固可靠。不应贴近裸露带电部件或带尖角的边缘敷设，应使用线夹固定在骨架或支架上。穿过钢

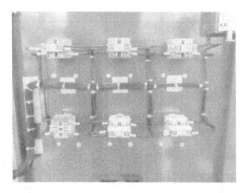

图 14-4　二次线装配与线束的固定

制金属隔板的交流回路的导线，该电路所有相线（包括中性线）均应从同一孔穿过，穿线孔要加护套。通常一个端子只连接一根导线，必要时允许连接两根导线，当需要连接两根或两根以上的导线时，应采取措施以确保连接可靠。图 14-5 所示为三根导线连接到同一个接线端子上，采取的措施是先将三根导线压接线鼻、搪锡、套热缩管，最后连接到端子上。

a)　　　　　　　　　　　　b)　　　　　　　　　　　　c)

图 14-5　三根导线接到同一接线端子
a) 导线搪锡　b) 套热缩管　c) 安装

母线套热塑管后，要用热风枪加热，加热的温度视热塑管能平整附在母线上为准，烘烤温度要均匀。

导线应按成套柜的主电路图要求进行安装（敷设）。较小截面积的导线应按单回路、多回路进行捆扎，但不应超过三个回路（每三相为一个回路）；较大截面积的导线只能按每个回路捆扎；很大截面积的导线应单根敷设，不必捆扎成线束。

任务三　变频恒压供水控制柜的调试

一、变频参数设置及调试

常用变频器的使用方法可参考"SVFD－C 系列台达变频器使用手册"。

1. 参数设置

按变频器说明书进行参数设置。

2. 调试

调试项目包括在变频器上设置接触器切换延时时间（1s）、加泵时间（180s）、减泵时间（30s）、定时换泵时间（4h）、自动工作模式。括号内为初始值，用户可以修改，修改参数时先按"SET"键，可修改的数字会闪烁，按相应数字键可输入，按移位键修改下一位数字。修改完毕按"ENT"键确认。工作模式可选择"一用一备"或"自动加泵"。选择"一用一备"时，备用泵仅在工作泵故障或轮换时间到达时投入工作；选择自动加泵时，如果一台泵工作管网压力不足时，备用泵会自动投入运行。

3. 状态

变频器可显示泵组运行状态、故障状态、累计运行时间、变频泵轮换倒计时。

二、出厂前检验

主要检查如下内容：

1) 外形尺寸、安装尺寸，外观检查。

2) 结构件安装检查。

3) 一次、二次导线安装检查。

4) 保护导体的安装检查。

5) 电气间隙、爬电距离、间隔距离的检查。

电气控制柜
出厂检验

阅读材料

电气控制电路设计

作为一名电气工作人员，除了能对一般电气控制电路进行分析、安装、调试和维修外，还应能对一般机械设备进行电气控制电路的设计。电气控制电路的设计就是根据生产设备的工艺要求，设计出适合生产要求、经济合理的电气控制电路。工业生产中所用的设备种类繁多，但电气控制系统的设计原则、设计内容和步骤基本相同。

一、电气控制电路的设计原则

1) 最大限度满足机械设备对电气控制电路的控制要求和保护要求。

2) 在满足生产工艺要求的前提下，应力求电路简单、经济、合理。

3) 保证控制的安全性和可靠性。

4) 操作和维修方便。

二、电气控制电路的设计内容

1) 确定电力拖动方案与控制方案。

2) 选择拖动电动机的结构形式、型号和容量。

3) 设计电气控制系统原理图。

4) 绘制元器件安装位置图、电气系统互联图。

5) 设计和选择电气设备元器件，并列出电器元件明细表。

6) 编写电气控制系统工作原理和使用说明书。

设计过程中根据被控制设备、机构的具体情况，可对以上各项内容适当增减，直至达到设计要求。

三、电气控制电路的设计方法

常用电气控制系统的设计方法有经验设计法和逻辑分析设计法。

所谓经验设计法，就是根据生产工艺的要求去选择适当的基本控制环节或经过考验的成熟电路，按各部分的联锁条件组合起来并加以补充和修改，综合成满足控制要求的完整电路。设计过程中要随时增、减元器件和改变触头的组合方式，以满足拖动系统的工作条件和控制要求，经过反复修改得到理想的控制电路。由于这种设计方法是以熟练掌握各种电气控制电路的基本环节和具备一定的阅读分析电气控制电路的经验为基础，所以称为经验设计法。

逻辑分析法又称为逻辑设计法，是根据生产工艺的要求，利用逻辑代数来分析、简化、设计电路的方法。虽然设计出来的电路比较合理，但掌握这种方法的难度较大，只是在完成较复杂生产工艺要求的控制电路才使用。

四、电气控制电路的设计步骤

1. 分析设计要求

设计电气控制电路时，主要做好如下几个方面的工作：

1）分析所设计设备的总体要求及工作过程，弄清设备生产工艺对电气控制电路的总体要求。

2）通过技术分析，选择合理的传动方案和最佳控制方案。

3）保证设计的安全可靠性。

4）对初步设计的电气控制电路进行模拟试验，验证控制电路能否满足设计要求。

2. 确定拖动方案和控制方式

1）电力拖动方案主要包括起动、制动、正反转和传动的调速方式等。

2）电气控制方案主要有继电器-接触器控制系统、可编程序控制器控制系统、数控装置控制系统及微机控制系统等。

3）控制方式的选择主要有时间控制、速度控制、电流控制及行程控制。

在拖动方案和控制方式确定后，就要设计电气原理图了。经验设计法的设计过程为主电路→控制电路→其他辅助电路→联锁和保护电路→总体检查与完善。

3. 设计主电路

4. 设计控制电路

电气控制电路的设计应注意以下几个规律：

1）当要求在几个条件中只要具备其中任何一个条件，被控电器的线圈就能得电时，可用几个常开触头并联后与被控线圈串联来实现。

2）当要求在几个条件中只要具备其中任何一个条件，被控电器的线圈就能断电时，可用几个常闭触头并联后与被控线圈串联来实现。

3）当要求必须同时具备几个条件，被控电器的线圈才能得电时，可用几个常开触头与被控线圈串联来实现。

4）当要求必须同时具备几个条件，被控电器的线圈才能断电时，可用几个常闭触头并联后与被控线圈串联来实现。

5. 将主电路与控制电路合并

6. 检查与完善

控制电路初步设计完成后，可能还有不合理、不可靠、不安全的地方，应当根据经验和控制要求对电路进行认真仔细地校验，以确保电路的正确性和实用性。

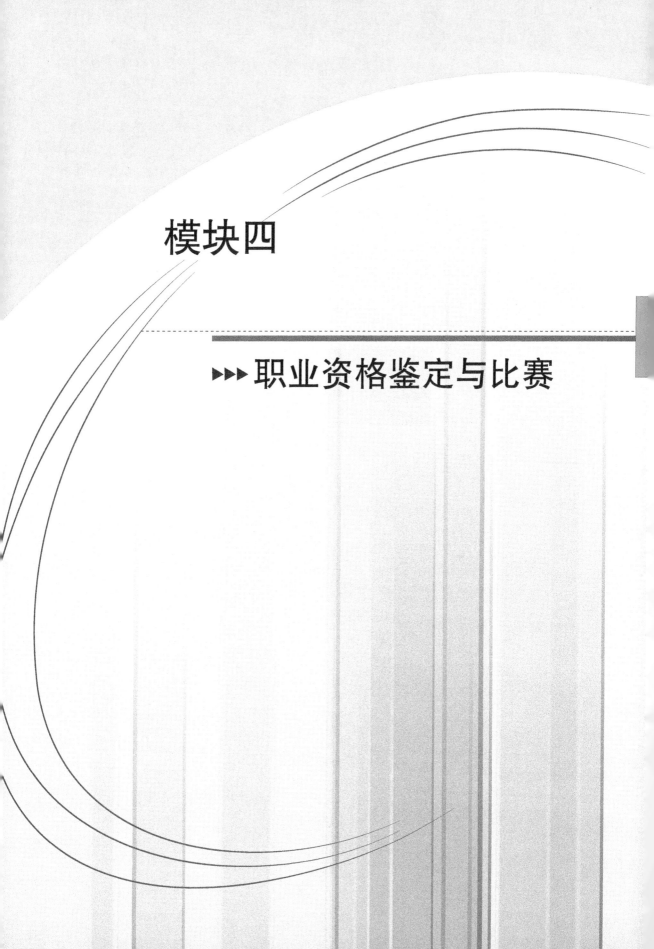

模块四

▶▶▶ 职业资格鉴定与比赛

职业资格鉴定与比赛试题解析

项目分析

任务一　了解电工国家职业技能标准
任务二　中级电工知识试题及解析
任务三　高级电工知识试题及解析
任务四　电气安装与维修比赛试题解析

职业岗位应知应会目标

知识目标：
➤ 了解电工国家职业技能标准。
➤ 掌握初级工、中级工、高级工的知识要求。
➤ 掌握电气安装与维修比赛的知识要求。

职业素养目标：
➤ 诚实守信、遵纪守法、崇德向善。
➤ 安全意识、质量意识、协作意识。
➤ 勤学苦练、追求卓越、拼搏精神。

任务一　了解电工国家职业技能标准

一、职业概况

1. 职业名称

电工。

2. 职业定义

使用工具、量具和仪器、仪表，安装、调试、维护与修理机械设备电气部分和电气系统线路及元器件的人员。

3. 职业技能等级

本职业共设五个等级，分别为五级/初级工、四级/中级工、三级/高级工、二级/技师、一级/高级技师。

二、基本要求

1．职业道德

（1）职业道德基本知识

（2）职业守则　遵纪守法，爱岗敬业；精益求精，勇于创新；爱护设备，安全操作；遵守规程，执行工艺；保护环境，文明生产。

2．基础知识

（1）电工基础知识

1）直流电路基本知识。

2）电磁基本知识。

3）交流电路基本知识。

4）电工读图基本知识。

5）电力变压器的识别与分类。

6）常用电机的识别与分类。

7）常用低压电器的识别与分类。

（2）电子技术基础知识

1）常用电子元器件的图形符号和文字符号。

2）二极管的基本知识。

3）晶体管的基本知识。

4）整流、滤波、稳压电路基本应用。

（3）常用电工工具、量具使用知识

1）常用电工工具及其使用。

2）常用电工量具及其使用。

（4）常用电工仪器、仪表使用知识

1）电工测量基础知识。

2）常用电工仪表及其使用。

3）常用电工仪器及其使用。

（5）常用电工材料选型知识

1）常用导电材料的分类及其应用。

2）常用绝缘材料的分类及其应用。

3）常用磁性材料的分类及其应用。

（6）安全知识

1）电工安全基本知识。

2）电工安全用具。

3）触电急救知识。

4）电气消防、接地、防雷等基本知识。

5）安全距离、安全色和安全标志等国家标准规定。

6）电气安全装置及电气安全操作规程。

（7）其他相关知识

1）供电和用电基本知识。

2）钳工划线、钻孔等基础知识。

3）质量管理知识。

4）环境保护知识。

5）现场文明生产知识。

（8）相关法律、法规知识 《中华人民共和国民法典》《中华人民共和国电力法》《中华人民共和国安全生产法》的相关知识。

三、工作要求

本标准对五级/初级工、四级/中级工、三级/高级工、二级/技师和一级/高级技师的技能要求和相关知识要求依次递进，高级别涵盖低级别的要求。标注"★"的为涉及安全生产或操作的关键技能。

1. 五级/初级工（节选，见表15-1）

表 15-1 五级/初级工工作要求（节选）

职业功能	工作内容	技能要求	相关知识要求
1. 电气安装和线路敷设	1.1 低压电器选用	1. 能识别常用低压电器的图形符号、文字符号 2. 能识别和选用刀开关、熔断器、断路器、接触器、热继电器、主令电器、漏电保护器及指示灯等低压电器的规格型号 3. 能识别防爆电气设备的防爆型式、防爆标志	1. 常用低压电器图形符号、文字符号的国家标准 2. 常用低压电器的结构、工作原理及使用方法 3. 防爆电气设备标识、等级
	1.2 电工材料选用	1. 能根据安全载流量和导线规格型号选用导线、电缆 2. 能根据使用场合选用导线管、桥架、线槽等 3. 能识别低压电缆接头、接线端子	1. 电工常用线材、管材选用方法 2. 导线、电缆的分类、性能及使用方法 3. 电工辅料类型、选用方法
	1.3 动力及控制电路装调	1. 能安装配电箱（柜） 2. 能对金属管进行煨弯、穿线、固定 3. 能对导线保护管进行切割、穿线、连接、敷设 4. 能使用线槽、槽板、桥架、拖链带等敷设导线电缆 5. 能识别线号和标注线号 6. 能进行导线的直线和分支连接 7. 能选择和压接接线端子 ★8. 能对动力配电线路进行接线、调试	1. 低压电器安装规范 2. 管线施工规范 3. 室内电气布线规范 4. 单芯、多芯导线的连接方法 5. 接线盒内导线的连接方法 6. 低压保护系统分类 7. 接地、接零安装规范
2. 继电控制电路装调与维修	2.1 低压电器安装与维修	1. 能安装、修理和更换按钮、继电器、接触器及指示灯 ★2. 能进行低压电器电路的检查、故障排除 3. 能对手电钻等手持电动工具的线路进行检修	手持电动工具国家标准

（续）

职业功能	工作内容	技能要求	相关知识要求
2. 继电控制电路装调与维修	2.2 交流电动机接线与维护	1. 能分辨控制变压器的同名端 2. 能分辨三相交流异步电动机绕组的首尾端 3. 能对三相交流异步电动机的主电路、正反转控制电路、丫/△减压起动控制电路进行接线、维护 4. 能对单相交流异步电动机进行接线与维护 5. 能对三相交流异步电动机进行保养	1. 变压器同名端判断方法 2. 交流异步电动机工作原理、分类方法 3. 电动机绝缘检测方法 4. 交流异步电动机保养方法
	2.3 低压动力控制电路维修	1. 能识读电气原理图 ★2. 能对三相笼型异步电动机单向运转控制电路进行检查、调试与故障排除 ★3. 能对三相笼型异步电动机正反转控制电路进行检查、调试与故障排除 ★4. 能对三相笼型异步电动机丫/△减压起动等控制电路进行检查、调试与故障排除 ★5. 能对三相笼型多速异步电动机起动控制电路进行检查、调试与故障排除 ★6. 能对三相笼型异步电动机多处控制电路进行检查、调试与故障排除 ★7. 能对三相笼型异步电动机电磁抱闸控制电路进行检查、调试与故障排除	1. 电气原理图的识读分析方法 2. 三相笼型异步电动机单向运转控制电路原理 3. 三相笼型异步电动机正反转控制电路原理 4. 三相笼型异步电动机丫/△减压起动控制电路原理 5. 三相笼型多速异步电动机自耦变压器减压起动电路原理 6. 三相笼型异步电动机多处控制电路原理 7. 三相笼型异步电动机电磁抱闸控制电路原理

2. 四级/中级工（节选，见表15-2）

表15-2 四级/中级工工作要求（节选）

职业功能	工作内容	技能要求	相关知识要求
1. 继电控制电路装调与维修	1.1 低压电器选用	1. 能根据需要选用中间继电器、时间继电器及计数器等器件 2. 能根据需要选用断路器、接触器及热继电器等器件	1. 中间继电器、时间继电器及计数器等选型方法 2. 断路器、接触器及热继电器等选型方法
	1.2 继电器、接触器线路装调	★1. 能对多台三相笼型异步电动机顺序控制电路进行安装与调试 ★2. 能对三相笼型异步电动机位置控制电路进行安装与调试 ★3. 能对三相绕线转子异步电动机起动控制电路进行安装与调试 ★4. 能对三相交流异步电动机能耗制动、反接制动及再生发电制动等电路进行安装与调试	1. 三相笼型异步电动机顺序控制电路原理 2. 三相笼型异步电动机位置控制电路原理 3. 三相绕线转子异步电动机起动控制电路原理 4. 三相交流异步电动机能耗制动、反接制动及再生发电制动等电路原理
	1.3 机床电气控制电路调试与维修	★1. 能对C6140车床或类似难度的电气控制电路进行调试，对电路故障进行维修 ★2. 能对M7130平面磨床或类似难度的电气控制电路进行调试，对电路故障进行维修 ★3. 能对Z37摇臂钻床或类似难度的电气控制电路进行调试，对电路故障进行维修	1. 机床电气故障分析、排除方法 2. C6140车床电气控制电路组成、控制原理 3. M7130平面磨床电气控制电路组成、控制原理 4. Z37摇臂钻床电气控制电路组成、控制原理

3. 三级/高级工（节选，见表 15-3）

表 15-3　三级/高级工工作要求（节选）

职业功能	工作内容	技能要求	相关知识要求
1. 继电控制电路装调与维修	1.1 继电器、接触器控制电路分析与测绘	1. 能对多台联动三相交流异步电动机控制方案进行分析与选择 2. 能对 T68 镗床、X62W 铣床或类似难度的电气控制电路接线图进行测绘与分析	1. 电气控制方案分析方法 2. 电气接线图测绘步骤、分析方法
	1.2 机床电气控制电路调试与维修	★1. 能根据设备技术资料对 T68 镗床、X62W 铣床或类似难度的电路进行调试与维修 ★2. 能对大型磨床、龙门铣床或类似难度的电路进行调试与维修 ★3. 能对龙门刨床、盾构机或类似难度的电路进行调试与维修	1. T68 镗床、X62W 铣床电路的组成、控制原理 2. 磨床、铣床电路的组成、控制原理 3. 龙门刨床、盾构机电路的组成、控制原理

任务二　中级电工知识试题及解析

现节选部分中级电工知识试题，其余内容参见本书配套电子资源"中级电工试题库"。

一、单项选择题

1. X6132 型万能铣床床身立柱上电气部件与升降台电气部件之间的连接导线用金属软管保护，其两端按有关规定用（　　）固定好。

　　A. 绝缘胶布　　　　　B. 卡子　　　　　　C. 导线　　　　　D. 塑料套管

2. X6132 型万能铣床电路导线与端子连接时，如果导线较多，位置狭窄，不能很好地布置成束，则采用（　　）。

　　A. 单层分列　　　　　B. 多层分列　　　　C. 横向分列　　　D. 纵向分列

3. X6132 型万能铣床电路导线与端子连接时，导线接入接线端子，首先根据实际需要剥切出连接长度，（　　），然后套上标号套管，再与接线端子可靠地连接。

　　A. 除锈和清除杂物　　B. 测量接线长度　　C. 浸锡　　　　　D. 恢复绝缘

4. 机床照明、移动行灯等设备使用的安全电压为（　　）。

　　A. 9V　　　　　　　　B. 12V　　　　　　　C. 24V　　　　　D. 36V

5. 工件尽量夹在钳口（　　）。

　　A. 上端位置　　　　　B. 中间位置　　　　C. 下端位置　　　D. 左端位置

6. X6132 型万能铣床工作台的左右运动由操纵手柄来控制，其联动机构控制行程开关是（　　），它们分别控制工作台向右及向左运动。

　　A. SQ1 和 SQ2　　　　B. SQ2　　　　　　　C. SQ3 和 SQ2　　D. SQ4 和 SQ2

7. X6132 型万能铣床主轴上刀换刀时，先将转换开关 SA2 扳到断开位置确保主轴（　　），然后再上刀换刀。

　　A. 保持待命状态　　　　　　　　　　　　B. 断开电源

　　C. 与电路可靠连接　　　　　　　　　　　D. 不能旋转

8. 20/5t 桥式起重机的电源线应接入安全供电滑触线导管的（　　）上。

A. 合金导体　　　　B. 银导体　　　　C. 铜导体　　　　D. 钢导体

9. 桥式起重机导线进入接线端子箱时，线束用（　　）捆扎。

A. 绝缘胶布　　　　B. 蜡线　　　　C. 软导线　　　　D. 硬导线

10. 在测量额定电压为500V以上线圈的绝缘电阻时，应选用额定电压为（　　）的绝缘电阻表。

A. 500V　　　　B. 1000V　　　　C. 2500V　　　　D. 2500V以上

11. 直流电动机的转子由电枢铁心、电枢绕组及（　　）等部件组成。

A. 机座　　　　B. 主磁极　　　　C. 换向器　　　　D. 换向极

12. CA6140型车床是机械加工行业中最为常见的金属切削设备，其电气控制箱在主轴转动箱的（　　）。

A. 后下方　　　　B. 正前方　　　　C. 左前方　　　　D. 前下方

13. 用绝缘电阻表进行测量时，要把被测绝缘电阻接在（　　）之间。

A. L和E　　　　B. L和G　　　　C. G和E　　　　D. G和L

14. 职业道德与人的事业的关系是（　　）。

A. 有职业道德的人一定能够获得事业成功

B. 没有职业道德的人不会获得成功

C. 事业成功的人往往具有较高的职业道德

D. 缺乏职业道德的人往往更容易获得成功

二、判断题

1. 创新既不能墨守成规，也不能标新立异。（　　）

2. X6132型万能铣床所使用导线的绝缘耐压等级为200V。（　　）

3. 对机床进行电气连接时，元器件上端子的接线必须按规定的步骤进行。（　　）

4. CA6140型车床的公共控制电路是0号线。（　　）

5. 两个或两个以上的电阻首尾依次相连，中间无分支的连接方式称为电阻的串联。（　　）

6. 职业道德是人事业成功的重要条件。（　　）

7. 环境污染的形式主要有大气污染、水污染、噪声污染等。（　　）

8. 劳动者具有在劳动中获得劳动安全和劳动卫生保护的权利。（　　）

9. X6132型万能铣床主轴上刀完毕，即可直接起动主轴。（　　）

10. 在MGB1420型万能磨床的内外磨砂轮电动机控制电路中，FR1～FR4四只热继电器均起过载保护作用。（　　）

标准答案与评分标准

一、单项选择题

评分标准：各小题答对给1.0分；答错或漏答不给分，也不扣分。

1～5：BBADB　　　6～10：ADCBB　　　11～14：CAAC

二、判断题

评分标准：各小题答对给 2.0 分；答错或漏答不给分，也不扣分。

1~5：× × √ √ √　　　6~10：√ √ √ × √

任务三　高级电工知识试题及解析

一、单项选择题

1. 职业道德就是人们在（　　）的职业活动中应遵循的行为规范的总和。

A. 特定　　　　　B. 所有　　　　　C. 一般　　　　　D. 规定

2. 电路中两点的电压高，则（　　）。

A. 这两点电位一定小于零　　　　　B. 这两点电位一定大于零

C. 这两点的电位差大　　　　　D. 与这两点的电位差无关

3. 对待职业和岗位，（　　）并不是爱岗敬业所要求的。

A. 树立职业理想　　　　　B. 干一行爱一行专一行

C. 遵守企业的规章制度　　　　　D. 一职定终身不改行

4. 时间继电器自动控制的定子绕组串接电阻减压起动时，由减压起动到全压运行的自动转换通过（　　）控制来实现。

A. 接触器　　　　B. 热继电器　　　　C. 时间继电器　　　D. 按钮

5. 三相笼型异步电动机采用星形-三角形减压起动时，每相绕组的电压（　　）。

A. 是全压起动时电压的 1/3　　　　　B. 等于全压起动时的电压

C. 是全压起动时电压的 3 倍　　　　　D. 是全压起动时电压的 1/3

6. 最安全可靠、操作方便的正反转控制电路是（　　）。

A. 倒顺开关　　　　　B. 接触器联锁

C. 按钮联锁　　　　　D. 按钮、接触器双重联锁

7. 变压器、发电机发出的"嗡嗡"声属于（　　）。

A. 电磁噪声　　　　　B. 气体动力噪声

C. 机械噪声　　　　　D. 空气噪声

8. 在可控整流电路中，为避免电感性负载的持续电流流过晶闸管，保证晶闸管的正常工作，在感性负载（或电抗器）之前反向并联一个（　　）。

A. 二极管　　　　B. 晶体管　　　　C. 稳压管　　　　D. 晶闸管

9. 三相异步电动机变极调速的方法一般只适用于（　　）。

A. 笼型异步电动机　　　　　B. 绕线转子异步电动机

C. 同步电动机　　　　　D. 滑差电动机

10. 根据主轴电动机和液压电动机的容量选择电源进线的管线，控制电路选择（　　）的塑料铜芯线，敷设控制盘和两个电动机、限位开关和直流电磁阀之间的管线。

A. 1.5mm²　　　B. 2.5mm²　　　C. 4mm²　　　D. ≤4mm²

11. CA6140 型车床的电气大修，对控制箱损坏元器件进行更换，（　　），配电盘全面更新。

A. 整理线路　　　B. 调试线路　　　C. 重新敷线　　　D. 清扫线路

12. 要调节异步电动机的转速，可从（　　　　）入手。

A. 变极调速　　　　B. 变频调速　　　　C. 转差率调速　　　D. 以上都是

13. 电气设备维修值班一般应有（　　　　）以上。

A. 1 人　　　　　　B. 2 人　　　　　　C. 3 人　　　　　　D. 4 人

14. 岗位的质量要求，通常包括操作程序、工作内容、工艺规程及（　　　　）等。

A. 工作计划　　　　B. 工作目的　　　　C. 参数控制　　　　D. 工作重点

15. 雷击引起的交流侧过电压从交流侧经变压器向整流元件移动时，可分为两部分：一部分是电磁过渡分量，能量相当大，必须在变压器的一次侧安装（　　　　）。

A. 阻容吸收电路　　　　　　　　　　　B. 电容接地

C. 阀式避雷器　　　　　　　　　　　　D. 非线性电阻浪涌吸收器

二、判断题

1. 安全生产规章制度规定，电气设备维修值班允许单人值班，并进行维修工作。（　　　　）

2. 按钮联锁正反转控制电路的优点是操作方便，缺点是容易产生电源两相短路事故。在实际工作中，经常采用按钮和接触器双重联锁正反转控制电路。（　　　　）

3. 电动机是使用最普遍的电气设备之一，一般在 70% ~ 95% 额定负载下运行时，效率最高，功率因数大。（　　　　）

4. 设备已老化、腐蚀严重的管路线路、床身线路应进行大修，更新敷设。（　　　　）

5. 电气柜内配线横平竖直。成排成束的导线应用线夹可靠地固定，线夹与导线间应裹有绝缘。（　　　　）

标准答案与评分标准

一、单项选择题

评分标准：各小题答对给 1.0 分；答错或漏答不给分，也不扣分。

1 ~ 5：ACDCA　　　　6 ~ 10：DAAAB　　　　11 ~ 15：CDBCC

二、判断题

评分标准：各小题答对给 2.0 分；答错或漏答不给分，也不扣分。

1 ~ 5：× √ √ √ √

任务四　电气安装与维修比赛试题解析

一、比赛说明

全国职业院校技能大赛的电气安装与维修赛项涵盖了初级电工到技师的实训与考核内容，电气控制教学中狠抓工艺质量步入了一个崭新的阶段，同时注意突显弱电控制强电、低压控制高压的现代工业自动控制技术，引领职业院校学生进入现代生产领域，探讨新知识、新技术、新工艺和新方法。

二、比赛试题解析

下面摘录部分比赛试题进行解析。

1. **导线截面积与低压断路器型号选择**

请根据图 15-1 所示电源配电电路中各电路（明敷导线不穿管）用电设备的功率，在图中标出各导线的截面积（可参考表 15-4）和最合适的断路器型号（从表 15-5 中选择），并简要说明选择依据。（4 分）

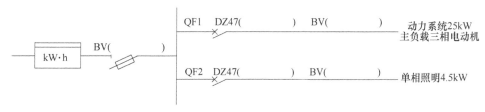

图 15-1　电源配电电路

表 15-4　导线截面积及最大允许电流

导线截面积/mm²	1	1.5	2.5	4	6	10	16	25	35 及以上
最大允许电流/A	9	14	28	35	48	65	91	120	5/ mm²

表 15-5　断路器型号

断路器型号	DZ47LE—63/C50 3P	DZ47LE—63/C60 3P	DZ47LE—63/C32 3P	DZ47LE—32/C16 3P
	DZ47LE—63/C50 1P	DZ47LE—63/C60 1P	DZ47LE—63/C32 1P	DZ47LE—32/C16 1P

试题解析及评分点分值：

根据经验公式，三相电动机电路额定电流为 $25 \times 2A = 50A$，单相照明电路的额定电流为 $4.5 \times 4.5A = 20.25A$（0.5 分）。

断路器额定电流要大于或等于电路实际工作额定电流，一般留一定余量，所以，断路器 QF1 型号选 DZ47LE—63/C60 3P（1 分），QF2 型号选 DZ47LE—63/C32 1P（1 分）。

三相电动机电路使用的导线应选 10mm² 铜线（0.5 分），单相照明回路选 2.5mm² 铜线（0.5 分），断路器的入线端导线选 16mm² 铜线（0.5 分）。

电源配电电路填写如图 15-2 所示。

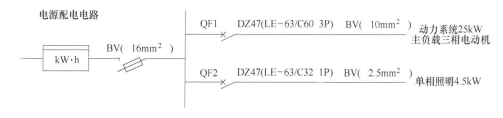

图 15-2　电源配电电路填写

2. **热继电器知识**

某动力线路中的三相异步电动机采用 △ 联结，额定电压为 380V，额定功率为 30kW，有过载保护，请问过载保护的热继电器整定值一般应调到多大？所用热继电器是否需要带断相保护？并简要说明理由。（4 分）

试题解析及评分点分值：

根据经验公式，三相异步电动机额定电流为 $30 \times 2A = 60A$（0.5 分）。

在一般情况下，热继电器整定电流可选额定电流值，因此整定电流值调到 60A（2 分）。

由于电动机是 △ 联结，当电动机断相时，断相电流可能不足以使热继电器及时动作（0.5 分），所以其过载保护的热继电器需要带断相保护（1 分）。

3. 电气控制电路故障检修

按工作票给定任务排除车床电气控制电路板上所设置的故障，使该电路能正常工作（9 分）。

维修工作票

工作票编号 No：

发单日期：　　年　　月　　日

工位号	
工作任务	根据图 15-3 所示的 CA6140 型车床电气控制原理图完成电气电路故障检测与排除
工作时间	自＿＿年＿＿月＿＿日＿＿时＿＿分至＿＿年＿＿月＿＿日＿＿时＿＿分
工作条件	检测及排故过程需要停电；观察故障现象和排除故障后通电试机
工作许可人签名	

维修要求	1. 在工作许可人签名后方可进行检修 2. 对电气线路进行检测，确定电路的故障点并排除 3. 严格遵守电工操作安全规程 4. 不得擅自改变原电路接线，不得更改电路和电器元件位置 5. 完成检修后能使该车床正常工作		
故障现象描述	通电指示灯 HL 不亮，控制电路均失效	KM2 吸合，冷却泵电动机不起动	KM1 不吸合，主轴电动机 M1 不起动，主轴起动指示灯 HL1 不亮。KM2 不吸合，冷却泵电动机 M2 不起动，冷却泵指示灯不亮
故障检测和排除过程			
故障点描述			

注：选手在"工位号"栏填写工位号，裁判在"工作许可人签名"栏签名。

维修工作票填写解析及评分点

故障现象描述	通电指示灯 HL 不亮，控制电路均失效（0.5 分）	KM2 吸合，冷却泵电动机不起动（0.5 分）	KM1 不吸合，主轴电动机 M1 不起动，主轴起动指示灯 HL1 不亮。KM2 不吸合，冷却泵电动机 M2 不起动，冷却泵指示灯不亮（0.5 分）
排故检测和过程描述	使用电阻法检测 38、41 号节点间开路 排除故障后，接通电源，操作设备，工作正常（2 分）	使用电阻法检测冷却泵电动机主电路，63、64 号节点间开路 排除故障后，接通电源，操作设备，工作正常（2 分）	使用电阻法检测主轴电动机控制电路中的 15、16 号节点间开路 排除故障后，接通电源，操作设备，工作正常（2 分）
故障点描述	38 号节点与 41 号节点之间开路，主电源断相（0.5 分）	63 号节点与 64 号节点之间开路，冷却泵电动机 M2 电源断相（0.5 分）	15 号节点与 16 号节点之间开路，主轴电动机 M1 控制电路开路（0.5 分）

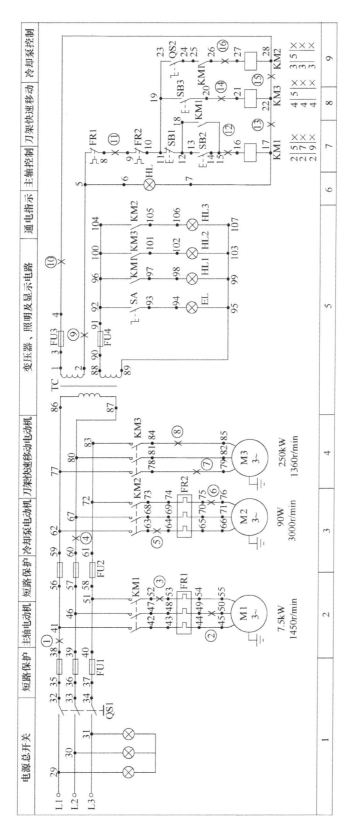

图15-3　CA6140型车床电气控制原理图

附 录

附录 A   主要工具仪表使用指导

一、绝缘电阻表的使用

绝缘电阻表是电工常用的一种测量仪表,主要用来检查电气设备、家用电器或电气电路对地及相间的绝缘电阻,以保证这些设备、电器和电路工作在正常状态,避免发生触电伤亡及设备损坏等事故。绝缘电阻表的外形如图 A-1 所示。

1. 绝缘电阻表的选择

绝缘电阻表是用来测量电气设备绝缘电阻的,计量单位是 MΩ。测量额定电压在 500V 以下的设备或电路的绝缘电阻时,可选用 500V 或 1000V 绝缘电阻表;测量额定电压在 500V 以上的设备或电路的绝缘电阻时,应选用 1000 ~ 2500V 绝缘电阻表;测量绝缘子时,应选用 2500 ~ 5000V 绝缘电阻表。

a)   b)

图 A-1   绝缘电阻表的外形
a) 指针式绝缘电阻表   b) 数字式绝缘电阻表

2. 测量步骤

(1) 准备

1) 接线端头与被测物之间的连接导线应采用单股线,不宜用双股线,以免因双股线之间的绝缘影响读数。

2) 测量前,应切断被测电气设备的电源,绝不允许带电测量。

3) 测试前,将被测端头短路放电。

4) 测量前,用干净的布或棉纱擦净被测物。

(2) 检测

1) 将绝缘电阻表放在水平位置并放置平稳,L、G 端头开路,摇动手柄,指针应指向"∞"处。

2) 将绝缘电阻表的接地端 E 和线路端 L 短接,慢摇手柄,观察指针是否能指向刻度的零处。如能指向零处,则证明表完好。注意该项检测时间要短。

(3) 连接   绝缘电阻表有三个接线端头,分别为"线路"(L)、"接地"(E)、"保护环"(G) 或("屏蔽")。测量时,一般只用 L、E 两个接线端头。但在被测物表面漏电较严重时,必须用 G 端头,以消除因表面漏电而引起的误差。

1）测量电动机、变压器等的绕组与机座间的绝缘电阻时，按图 A-2a 接线。

2）测量导线线芯与外皮的绝缘电阻时，按图 A-2b 接线。

3）测量电缆的线芯与屏蔽层的绝缘电阻时，按图 A-2c 接线。

（4）测量　顺时针摇动绝缘电阻表的手柄，使手柄逐渐加速到120r/min 左右，待指针稳定时，继续保持这个速度，使指针稳定1min，这时的读数就是被测对象的电阻值。

（5）拆线　测试完毕，要先将 L 端与被测物断开，然后再停止摇动绝缘电阻表，以防止电容放电损坏绝缘电阻表，测试完绝缘电阻的电气设备，应将其与绝缘电阻表相连的两端放电，以免发生危险。

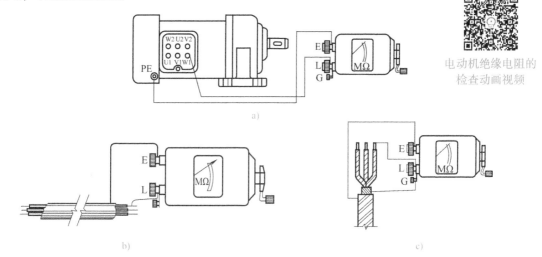

电动机绝缘电阻的
检查动画视频

图 A-2　用绝缘电阻表测量时的接线示意图

a）测量绕组与机座间的绝缘电阻　b）测量导线线芯与外皮
间的绝缘电阻　c）测量电缆的线芯与屏蔽层的绝缘电阻

二、液压钳的使用

液压钳是一种用冷挤压方式进行多股铝、铜芯导线接头连接的工具。使用时，按所连接导线的型号选配相应规格的压模，如图 A-3 所示。

液压开孔器的使用

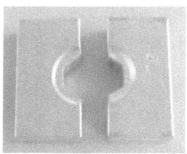

图 A-3　装卡压模

（1）压接过程　将导线插入线鼻子，并将其放入液压钳的压模中，按标记方向（一般在右侧前方）旋紧卸压阀，反复压动压杆，感觉压动吃力时停止，如图 A-4 所示。

（2）压接成形　若线鼻子较长，压完一道后，松开液压钳，将线鼻子外移后再压一道，

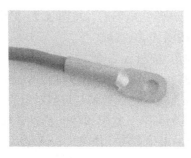

图 A-4　压接过程

使其连接更加可靠，如图 A-5 所示。

图 A-5　压接成形

（3）取出工件　压接成形后，松开卸压阀，取出工件，如图 A-6 所示。

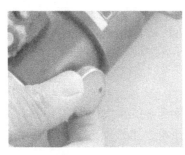

图 A-6　取出工件

（4）整理　压接完成后，用锉刀锉去工件上的毛边，如图 A-7 所示。

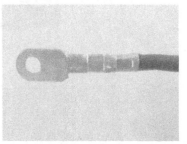

图 A-7　锉去毛边

三、线号机的使用

线号机又称为套管印字机、号头印字机等。在生产中，用线号机进行线号标注，能使产品更加规范、美观，同时可以提高工作效率。常用的线号机外形和线号管如图 A-8 所示。

a)　　　　　　　　　　　　　　　　　　　　b)

图 A-8　常用的线号机外形和线号管

a) 线号机外形　b) 线号管

1. 显示说明

在线号机左侧的 LCD 显示窗口中，各文字提示及含义见表 A-1。

表 A-1　文字提示及含义

示意图	序号	文字提示	显示含义解说
	1	段长	光标所在段落的段长
	2	字号	光标所在段落的字号
	3	半切	半切功能的设置状态 Y：半切； L：画分割线； N：全无（不半切、不画分割线）
	4	修饰	光标所在段落的修饰设置 N：取消修饰；F：加边框；L：加下画线
	5	重复	光标所在段落的重复打印次数
	6	浓度	浓度等级的设定值
	7	大小写	字母大小写当前设定状态
	8	型号	设定的打印耗材规格型号
	9	材料	设定的打印耗材种类
	10	输入法	当前的输入法显示
	11		显示内容：段落序号和段落内容

2. 设置过程

（1）上电　将线号机连接电源，打开电源开关。

（2）安装套管及色带　安装套管前，请先确认套管调整器的旋钮处于放松位置，把套管调整器拿出后，将套管从右侧穿过套管调整器，穿完再把套管调整器放入线号机卡槽内，保证套管穿过半切刀5cm，将套管调整器旋钮左旋至压紧位置，套管安装完毕。安装套管过程如图A-9所示。

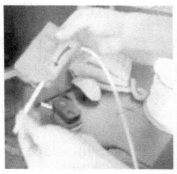

图A-9　安装套管过程

安装色带前如发现色带松弛，先将色带卷紧再放入卡槽内，将压紧旋钮右旋至压紧位置，色带安装完成，然后把上盖盖上。

（3）设置步骤　详见本书配套电子资源"硕方线号机说明书"。

按照已安装的套管规格用左右键做出正确选择，按"Enter"键进入文档输入界面。按说明书对"材料""段长""字号""重复""修饰"等项进行设置。材料设置界面如图A-10所示。

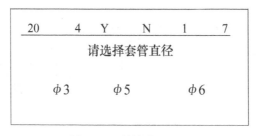

图A-10　材料设置界面

特别提示

1）0.5mm²、0.75mm²、1.0mm²套管请选择φ3mm，可打印1、2、3号字。

2）1.5mm²、2.5mm²套管请选择φ5mm，可打印1、2、3、4号字。

3）4.0mm²、6.0mm²套管请选择φ6mm，可打印1、2、3、4、5号字。

四、时控开关的使用

KG316T时控开关的接线与设置详见本书配套电子资源"KG316T时控开关使用说明书"。

1. 接线方式

时控开关接线图如图A-11所示，图A-11a为直接控制方式，图A-11b为控制接触器的线圈电压为AC 220V/50Hz时的接线方式，图A-11c为控制接触器的线圈电压为AC 380V/50Hz时的接线方式。

2. 参数设置

（1）调整系统时间　使用前，把产品左面的电池开关置于"开"位置，显示器上显示星期和时间，按住"时钟"键不放的同时再按"校时"键、"校分"键、"校星期"键，进

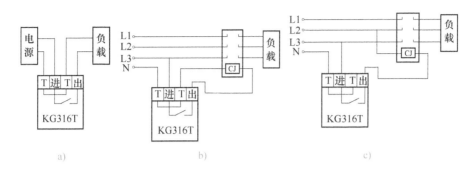

图 A-11　时控开关接线图

a）直接控制方式　b）控制接触器的线圈电压为 AC 220V/50Hz 时的接线方式

c）控制接触器的线圈电压为 AC 380V/50Hz 时的接线方式

行系统时间的设置。

（2）设定开关时间

1）设定第一次开启时间。按一下"定时"键，再按"校时"键、"校分"键和"校星期"键，设定第一次开启的时间。

2）设定第一次关闭时间。按一下"定时"键，再按"校时"键、"校分"键和"校星期"键，设定第一次关闭的时间。

3）重复步骤1）和2），设定第二次开启和关闭时间。如果每天只开一次关一次，则按"定时"键，出现"2开"后，按"取消/恢复"键，使液晶显示屏上显示"－－：－－"图样，重复以上步骤，将其他开关设置（2开2关……6开6关……10开10关）的存储时间全部清除。

💡 特别提示

1）如设定错误或取消设定，按"取消/恢复"键，再按一次恢复原来的设定。

2）无设定时显示（－－：－－）。

3）检查：按"定时"键检查所设定的时间是否正确。

4）修改：在该设定处按"取消/恢复"键，然后重新设定该定时开关的时间及星期。

5）结束检查：按"时钟"键结束检查及修改，显示时钟。

6）按"自动/手动"键，可实现开关的"开""关"或"自动"三个状态。

附录 B 控制电路安装与调试评分标准举例

接触器联锁正反转控制电路安装与调试评分标准见表 B-1。

表 B-1 接触器联锁正反转控制电路安装与调试评分标准

项目内容	配分	评 分 标 准	扣分
安装元器件	15	1. 不按电器布置图安装扣 15 分 2. 元器件安装不牢固或倒装,每只扣 2 分 3. 元器件布置不整齐、不匀称、不合理,每只扣 3 分 4. 损坏元器件,每只扣 5 分	
布线	35	1. 不按电气原理图接线扣 25 分 2. 布线不进入行线槽,不美观: 　　主电路,每根扣 4 分 　　控制电路,每根扣 2 分 3. 接点松动、露铜过长、压绝缘层、反圈等,每个接点扣 1 分 4. 损伤导线绝缘或线芯,每根扣 4 分	
通电试车	50	1. 热继电器未整定或整定错扣 5 分 2. 主电路、控制电路配错熔体,每个扣 5 分 3. 第一次试车不成功扣 25 分 　　第二次试车不成功扣 35 分 　　第三次试车不成功扣 50 分 4. 违反安全文明生产扣 5~50 分	
定额时间	2.5h	每超过 5min,以扣 5 分计算	
开始时间		结束时间　　　　　　实际时间	
备注	除限定时间外,各项目的最高扣分不得超过配分数	成绩	

注:定额时间可以根据项目实际操作所需时间作相应调整。

附录 C　控制电路维修评分标准举例

控制电路维修评分标准见表 C-1。

表 C-1　控制电路维修评分标准

序号	主要内容	技术要求	评分标准	配分	扣分	得分
1	调查研究	对每个故障现象进行调查研究	排除故障前不进行调查研究,扣10分	10		
2	故障分析	在电气控制电路图上分析故障可能的原因,思路正确	错标或标不出故障范围,每个故障点扣5分	15		
			不能标出最小的故障范围,每个故障点扣5分	15		
3	故障排除	正确使用工具和仪表,找出故障点并排除故障	实际排除故障中思路不清楚,每个故障点扣5分	15		
			每少查出1处故障点扣5分	15		
			每少排除1处故障点扣5分	15		
			排除故障方法不正确,每处扣5分	15		
4	其他	操作有误,要从总分中扣分	排除故障时产生新的故障后不能自己修复,每处扣10分			
			新故障已经修复,每处扣5分			
			损坏电动机扣10分			
备注			合计			
			教师:　　　　　　　年　　月　　日			

参 考 文 献

［1］ 李国瑞. 电气控制技术项目教程［M］. 北京：机械工业出版社，2009.

［2］ 姚锦卫. 焊接电工［M］. 北京：机械工业出版社，2018.

［3］ Walter N. Alerich, Stephen L. Herman. 电机与控制［M］. 7 版. 姜明，温照方，译. 北京：高等教育出版社，2006.

［4］ 许晓峰. 电机及拖动［M］. 5 版. 北京：高等教育出版社，2019.

［5］ 连赛英. 机床电气控制技术［M］. 2 版. 北京：机械工业出版社，2017.

［6］ 商福恭. 电工识读电气图技巧［M］. 北京：中国电力出版社，2006.

［7］ 李敬梅. 电力拖动控制线路与技能训练［M］. 5 版. 北京：中国劳动社会保障出版社，2014.

［8］ 赵承荻，王玺珍. 电气控制线路安装与维修——理实一体化教学［M］. 2 版. 北京：高等教育出版社，2013.

［9］ 曾祥富. 电气安装与维修赛题集［M］. 北京：机械工业出版社，2012.